Die Dampflokomotive

Aufsätze für Lokomotivführeranwärter und sonstige Anwärter des technischen und nichttechnischen Eisenbahndienstes

Bearbeitet und zusammengestellt
von
Paul Denzin

trans press
Reprint

Einbandgestaltung: Dos Luis Santos

Bildnachweis:
Die zur Illustration dieses Buches verwendeten Aufnahmen stammen – wenn nichts anderes vermerkt ist – vom Verfasser.

ISBN 978-3-613-71360-4

1. Auflage 2009
(Reprint der 1. Auflage von 1949, erschienen unter dem Titel »Die Dampflokomotive. Aufsätze für Lokomotivführeranwärter und sonstige Anwärter des technischen und nichttechnischen Eisenbahndienstes«)

Sie finden uns im Internet unter www.transpress.de

Druck und Bindung: Fortuna Print Export, 85101 Bratislava
Printed in Slowak Republic

Anmerkung zum Nachdruck:

Das vorliegende Buch erschien 1949 erstmals unter dem Titel »Die Dampflokomotive. Aufsätze für Lokomotivführeranwärter und sonstige Anwärter des technischen und nichttechnischen Eisenbahndienstes«. Diese Ausgabe ist ein Nachdruck der 1. Auflage, bei dem Inhalt und Rechtschreibung unverändert blieben.

Vorwort

Die vorliegende Schrift wurde erstmalig im Auftrage der Reichsbahndirektion Schwerin in Form von Unterrichtsbriefen für die Schüler der Lokomotivfahrschule in Güstrow gedruckt.

Den Anlaß hierzu gab die Tatsache, daß Handbücher und Leitfäden für den Dampflokomotivdienst als Folge des Krieges nicht mehr erhältlich waren. Da aber Lokomotivführernachwuchs in größerem Umfang auszubilden war, wurde versucht, den bestehenden Mangel an Lehrbüchern für diesen Dienstzweig teilweise zu beheben.

Die Briefe fanden auch in anderen Reichsbahndirektionsbezirken gute Aufnahme und waren schon vor Fertigstellung der Schriftenreihe vergriffen. Auf vielseitigen Wunsch wurden daher die Aufsätze in etwas verbesserter Anordnung neu gedruckt.

Aus Zeitmangel war es nicht möglich, die Dampflokomotive erschöpfend zu behandeln. Die vorliegenden Aufsätze sind nur als ein Beitrag zur Vorbereitung auf die Lokomotivführerprüfung gedacht. Aber auch sonstigen Anwärtern des technischen und nichttechnischen Eisenbahndienstes und Fachschülern kann das verhältnismäßig preiswerte Heft zum Studium über den Bau der Dampflokomotive wertvoll sein.

Schwerin, den 27. November 1949

Paul Denzin,
Betriebsmaschinenkontrolleur
der Reichsbahndirektion Schwerin

Inhaltsverzeichnis

Die Hauptbestandteile der Dampflokomotive

Die Dampflokomotive kann als ein fahrbares Dampfkraftwerk angesehen werden. Sie besteht aus drei Hauptbestandteilen, von denen jeder seine ganz besondere Aufgabe hat.

1. Der **Dampfkessel** (Bild 1). Eine allseitig mit Wasser umgebene Feuerbüchse besitzt einen Rost, der durch ein in der Rückwand befindliches Feuerloch mit Kohle beschickt wird. Die heißen Verbrennungsgase (in der Feuerbüchse 1200 bis

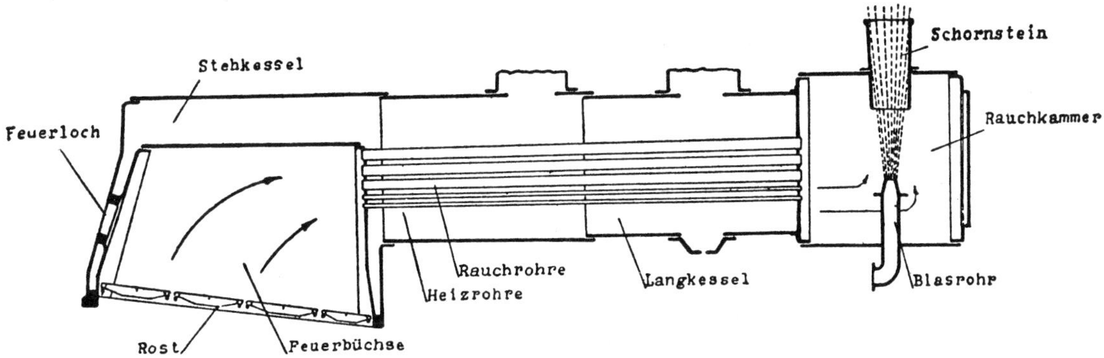

Bild 1. Lokomotivkessel (schematisch)

1500° C) ziehen durch die ebenfalls gänzlich von Wasser umgebenen Rauch- und Heizrohre weiter in die Rauchkammer (Temperatur 250—350° C) und dann durch den Schornstein ins Freie. Die bei der Verbrennung der Kohle auf dem Rost entstehende Wärme wird von der hellen Flamme durch Strahlung an die Feuerbüchswände, andererseits von den heißen Rauchgasen durch Berührung an die Oberfläche der Feuerbüchse und die der Rauch- und Heizrohre übertragen. Die Wärme wird durch die Feuerbüchs- und Rohrwände hindurch an das zu erwärmende Wasser weitergeleitet; sie bringt es zum Sieden und erzeugt den Dampf.

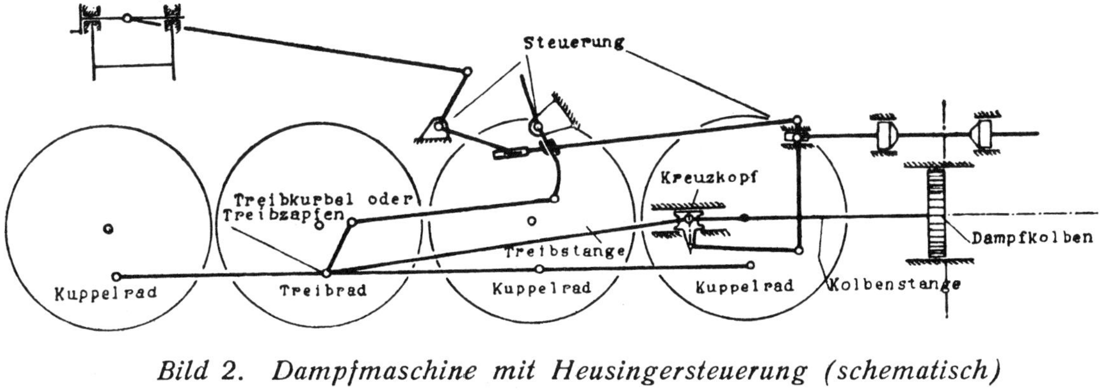

Bild 2. Dampfmaschine mit Heusingersteuerung (schematisch)

2. Die **Dampfmaschine** (Bild 2) entwickelt aus der im Kessel erzeugten Dampfenergie die Zugkraft. Die hin- und hergehende Bewegung des Dampfkolbens wird über die Kolbenstange, den Kreuzkopf und die Treibstange zur Drehbewegung an der Treibkurbel. Die Treibkurbel setzt die auf der gleichen Achse festgekeilten Treibräder und diese wieder mittels der Kuppelstangen die übrigen Kuppelräder gleichfalls in eine Drehbewegung, wodurch sich die Lokomotive von der Stelle bewegt. Der auf der Kolbenstange befestigte scheibenförmige Dampfkolben wird durch den wechselweise vorn und hinten in den Dampfzylinder einströmenden Dampf hin- und herbewegt. Die Einrichtung, die den Frischdampf abwechselnd auf die vordere und bei Hubwechsel auf die hintere Kolbenseite leitet, ihn mengenmäßig reguliert und den entspannten Dampf in die Ausströmleitungen treten läßt, nennt man Steuerung.

3. Das **Fahrgestell** (Bild 3) oder der **Lokomotivwagen** besteht aus dem Rahmen und dem Laufwerk.

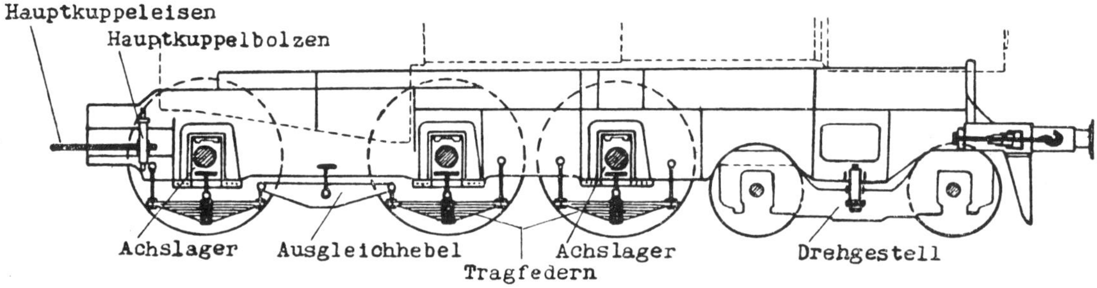

Bild 3. Lokomotivfahrgestell (schematisch)

Auf dem Rahmen ruht der Kessel. Gleichzeitig ist der Rahmen das Fundament für die Dampfmaschine. Über die Achslager, mit denen die Lokomotive auf dem Laufwerk ruht, überträgt der Rahmen die entwickelte Zugkraft auf den angehängten Zug.

Zum Laufwerk der Lokomotive werden die Radsätze, etwa vorhandene Lenk- und Drehgestelle, ferner alle Teile zur Abstützung des Rahmens auf die Radsätze, wie Achslager, Achslagergehäuse, Tragfedern und Ausgleichhebel gerechnet.

Die Wasser- und Kohlenvorräte werden entweder auf besonderen Schlepptendern oder bei sogenannten Tenderlokomotiven auf der Lokomotive selbst mitgeführt.

Als notwendige Grundlage werden zunächst die chemischen und physikalischen Vorgänge bei der Verbrennung und der Dampf- und Krafterzeugung, sowie die mechanischen Vorgänge an der Dampfmaschine behandelt.

Wärmelehre

Wärme und Temperatur

Soll beispielsweise die Temperatur von Wasser von 20° Celsius (20° C) auf 50° Celsius (50° C) gesteigert werden, so ist dem Wasser hierfür entsprechende Wärme zuzuführen.

Als Maßstab zum Messen der Wärme (Wärmemenge) dient die Wärmeeinheit (WE). Die technisch richtige Bezeichnung ist Kilogrammkalorie (kcal). Eine WE oder kcal ist die Wärmemenge, die 1 kg Wasser aufnimmt, wenn es von 14,5° C auf 15,5° C erwärmt wird.

Die Temperatur wird in Deutschland nach Grad Celsius (° C), in andern Ländern aber auch teilweise nach Grad Fahrenheit (° F) und Grad Reaumur (° R) gemessen. Celsius hat den Temperaturabstand vom Gefrierpunkt des Wassers bis zum Siedepunkt des Wassers in 100 gleiche Teile eingeteilt. Die Teile werden Grad Celsius (° C) genannt.

Wärmemesser

Zum Messen der uns im Dampflokomotivdienst interessierenden Temperaturen werden Quecksilberthermometer, Weingeistthermometer und elektrische Thermometer verwendet.

Quecksilber gefriert bei — 39° C. Deshalb werden zum Messen niedrigerer Temperaturen bestimmte Thermometer mit gefärbtem wasserfreien Weingeist, der seinen Erstarrungspunkt bei — 80° C hat, gefüllt. Das Quecksilberthermometer ist für Temperaturen über 350° C ungeeignet, weil der Siedepunkt des Quecksilbers bei 357° C liegt.

Die Heißdampftemperaturen der Lokomotiven (400° C und mehr) werden mit elektrischen Fernthermometern, sogenannten Pyrometern (Bild 4), gemessen. Erwärmt man die Verbindungsstelle zweier miteinander verlöteter Teile aus verschiedenen Metallen, so entsteht ein elektrischer Strom, dessen Spannung mittels eines Voltmeters nachweisbar ist. Da die Spannungsgröße eines solchen Thermoelementes unmittelbar von der Erwärmung der Lötstelle beider Metalle abhängig ist, wird das Zifferblatt des Spannungsmessers entsprechend den an der Lötstelle zu messenden Temperaturen geeicht.

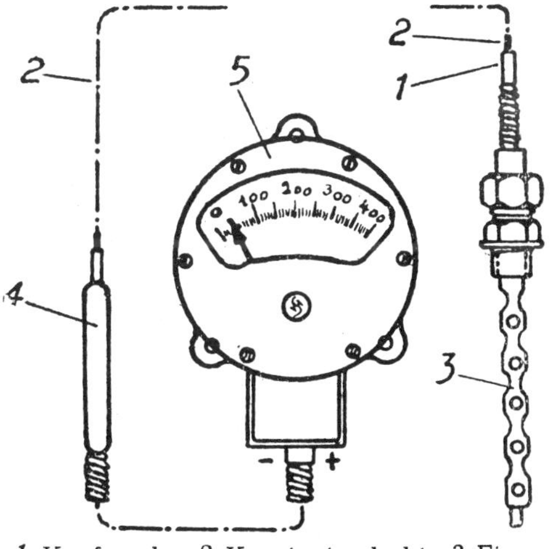

1 Kupferrohr, *2* Konstantandraht, *3* Eintauchrohr, *4* Hülse, *5* Anzeigeinstrument,

Bild 4. Lokomotivpyrometer

Das Kupfer - Konstantan - Thermoelement (Bild 4) besteht aus einem Kupferrohr 1 mit einem darin liegenden emaillierten und mit Asbest umsponnenen Konstantandraht 2. Kupferrohr und Konstantandraht sind an einem Ende zur „warmen Lötstelle" miteinander verlötet, am anderen Ende über eine Hülse 4 mit der im Anschlußkasten des Instrumentes (Spannungsmesser mit Temperaturskala) 5 befindlichen „kalten Lötstelle" verbunden. Zum bequemeren Einbau und zum Schutze des Kupferrohrs (warme Lötstelle) im Dampfstrom dient das Eintauchrohr 3.

Das beschriebene thermoelektrische Lokomotivpyrometer zeigt die Dampftemperaturen schnell und zuverlässig an. Im Dampflokomotivbetrieb wird wegen der auftretenden Wasserschläge, verbunden mit starken Temperaturschwankungen des Dampfes, hierauf besonderer Wert gelegt, damit der Lokomotivführer entsprechende Gegenmaßnahmen (Regler schließen, Zylinder und Luftsaugeventile öffnen) sofort unternehmen kann.

Ausdehnung durch Wärme

Wird ein Körper erwärmt, so vergrößert sich sein Rauminhalt; er dehnt sich aus. Umgekehrt aber auch ziehen sich fast alle Körper mit abnehmender Temperatur zusammen. In flüssigem Zustand befindliche Körper dehnen sich verhältnismäßig mehr aus als feste und gasförmige wieder mehr als flüssige.

Wasser hingegen hat das kleinste Volumen, also seine größte Dichte, bei + 4 °C. Sein Rauminhalt vergrößert sich bei Erwärmung über + 4 °C und bei Abkühlung unter + 4 °C. Diese Eigenschaft ist für die Temperaturverhältnisse in der Natur von größter Bedeutung. Mit fortschreitender Abkühlung des Wassers in einem Fluß oder See befindet sich das Wasser von + 4 °C auf dem Grund und das Wasser von 0 °C an der Oberfläche des Gewässers. Die Eisbildung erfolgt daher von oben. Wenn Wasser von 0 °C spezifisch am schwersten wäre, so müßte die Eisbildung von unten erfolgen. Zwangsweise wäre dann das vollständige Ausfrieren der Seen und Flüsse die Folge, wobei beispielsweise die Fische zugrunde gingen.

Einige praktische Beispiele mögen diese Zusammenhänge veranschaulichen.

1. Das Platzen eingefrorener Wasserleitungen ist physikalisch so erklärlich, daß erstens Wasser von + 4 °C mit abnehmender Temperatur bzw. Eis sich ausdehnt und zweitens, Metalle mit abnehmender Temperatur sich zusammenziehen.

2. Im Sommer werden die Eisenbahnschienen infolge der Erwärmung an heißen Tagen länger. Um Gleisverwerfungen (Sonnenkurven) hierdurch zu vermeiden, werden die Schienen bei normaler Temperatur mit sogenannten Dehnungsfugen verlegt.

3. Die Telegrafen- und Starkstromleitungen hängen an heißen Tagen, da sie sich durch die Erwärmung ausdehnen, auffallend durch. Im Winter hingegen, bei starkem Frost, sind sie straff gespannt.

4. Der Lokomotivdampfkessel dehnt sich beim Anheizen infolge der Erwärmung aus, er wird länger und zieht sich beim Erkalten wieder zusammen, er wird kürzer. Der Lokomotivrahmen aber bleibt kalt und behält seine ursprüngliche Länge. Der Kessel ist daher mit dem Rahmen immer nur vorn an der Rauchkammer fest verbunden. Die übrigen Auflagerstellen sind so ausgebildet, daß sie kleinere Längsverschiebungen zulassen. Besondere Gleitschuhe auf Gleitplatten am Bodenring des Stehkessels ermöglichen die Längsverschiebung.

Begriffsbestimmung der Wärme

Es erscheint schwer, das Wesen der Wärme zu erkennen, wenn man die verschiedenartigen Wirkungen der Wärme betrachtet. Die Wärme erzeugt den Wind und den Sturm, sie hebt das Wasser zum Himmel. Der Techniker bedient sich ihrer zum Antrieb der Lokomotiven, der Turbinen und Motore, aber auch zum Erwecken des schlummernden Lebens aus dem Ei in der Brutmaschine. Andererseits veranlaßt die Wärme furchtbare Zerstörungen bei der Anwendung von Sprengstoffen.

Was ist nun Wärme? Eine Energieform ist die kürzeste, aber richtige Antwort. Sie wird in der Lokomotive mehrfach umgewandelt und tritt als ziehende Kraft am Zughaken der Lokomotive, für menschliche Zwecke praktisch nutzbar gemacht, in Erscheinung. Die Wärmeenergie verdampft das Wasser. Die Energie des gespannten Dampfes bewegt die Dampfmaschine. Die mechanische Energie der Dampfmaschine bewirkt zuletzt die drehende Bewegung der Lokomotivräder bzw. die ziehende Kraft am Zughaken der Lokomotive.

Von der in der Kohle enthaltenen Wärmeenergie werden in der Dampflokomotive etwa 7 % in mechanische Energie (Zugkraft am Zughaken) umgesetzt.

Die Verbrennung

Wird ein brennbarer Körper in Gegenwart von Sauerstoff ausreichend erhitzt, so verbrennt er unter Feuererscheinung und Wärmeentwicklung. Grundsätzlich sind für das Zustandekommen einer Verbrennung immer erforderlich:

Brennstoff (fest, flüssig oder gasförmig)
Sauerstoff (bzw. Luft mit 21 % Sauerstoff und 79 % Stickstoff)
Entzündungstemperatur (dem jeweiligen Brennstoff ensprechend).

Im Lokomotivkessel verbrennt die Kohle in der Feuerbüchse auf dem Rost unter Zutritt von Luft, die von unten durch die Rostspalten angesaugt wird. Die auf dem Rost erzeugte Wärmemenge ist bei festliegender Größe der Rostflächen abhängig von dem Heizwert des Brennstoffes und der Rostbelastung, d. h. der stündlich auf 1 m^2 Rostfläche verbrannten Brennstoffmenge.

Der Heizwert eines Brennstoffes ist die Wärmemenge, die 1 kg desselben bei vollkommener Verbrennung abgibt. Er wird in Wärmeeinheiten (WE) gemessen.

Brennstoffheizwerte	WE/kg
Anthrazit	8000
Rheinisch-Westfälische Steinkohlen	7200—7900
Rheinisch-Westfälische Steinkohlenbriketts	7400
Oberschlesische Steinkohlen	6800—7400
Oberschlesische Steinkohlenbriketts	6800
Rohbraunkohlen	2100—2900
Braunkohlenbriketts	4500—5100
Torf, lufttrocken	3500
Holz	3400—4100
Petroleum	10500
Leuchtgas	9950

Mit 1 kg Anthrazit kann also die Temperatur von 8000 kg oder 8 m^3 Wasser von 14,5 °C auf 15,5 °C erhöht werden. Andererseits können aber auch mit 1 kg Anthrazit 800 kg Wasser von 10 °C auf 20 °C oder 160 kg von 10 °C auf 60 °C erwärmt werden. Dieser Heizeffekt ist aber nur erreichbar, wenn die bei vollkommener Verbrennung frei werdende Wärmemenge restlos verlustfrei ausgenutzt werden kann.

Der Heizwert fester Brennstoffe wird durch Verbrennung in einem geschlossenen starkwandigen Gefäß, der kalorimetrischen Bombe, bestimmt. Um in dem kleinen Verbrennungsraum des Kalorimeters eine praktisch vollkommen einwandfreie Verbrennung zu erreichen, wird hierzu reiner verdichteter Sauerstoff benutzt.

Bei der praktischen Verfeuerung im Lokomotivkessel treten jedoch Wärmeverluste auf, und zwar

1. Die **Abgasverluste.** Man ist bestrebt, die Abgastemperaturen durch guten Übergang der Wärme an die Feuerbüchs- und Rohrwandungen und von da an das Wasser niedrig zu halten. Grundbedingung hierfür ist regelmäßiges und gründliches Kesselauswaschen und Rußblasen.

2. Die **Verluste durch unverbrannte Kohle;** sie bestehen aus dem Rostdurchfall in den Aschkasten, dem Unverbrannten in der Schlacke, der Rauchkammerlösche und dem Funkenflug.

3. Die **Wärmeabstrahlung** des Kessels; Kesselbekleidungsbleche und zusätzliche Wärmeschutzmatten aus Glasgespinst (im Führerhaus) isolieren den Kessel, um die Strahlungsverluste weitestgehend einzuschränken.

Mit Rostbelastung bezeichnet man die auf einem Rost in einer Stunde verbrannte gesamte Kohlenmenge, geteilt durch die Größe der Rostfläche in m^2. Sie gibt die stündlich auf 1 m^2 Rostfläche verfeuerte Kohlenmenge an. Die Roste der für Steinkohlenfeuerung gebauten Dampflokomotiven sind so bemessen, daß bei voller Kessel- und Maschinenleistung 400—450 kg Steinkohlen je m^2 Rostfläche stündlich verbrannt werden können. Diese Rostbelastung ergibt die wirtschaftlichste Verbrennung. Die Verbrennung verschlechtert sich bei Überlastung der Lokomotiven, wenn zuviel Kohle aufgeworfen wird oder wenn sich die wirksame Rostfläche durch Schlakkenbildung oder tote Stellen im Feuer verkleinert.

Die Brennstoffe enthalten als Hauptbestandteile Kohlenstoff und Wasserstoff. Hinzu kommen in wechselnden Mengen Schwefel, Sauerstoff, Stickstoff, Wasser und Asche.

Bei der Verbrennung wird der Brennstoff zuerst entgast und die entwickelten brennbaren Gase verbrannt. Gleichzeitig und anschließend verbrennen die festen brennbaren Bestandteile, der Kohlenstoff in Koksform. Je höher der Anteil an leicht flüchtigen, also gasartigen Bestandteilen ist, die bei der Erhitzung zuerst entweichen und verbrennen, desto schneller zündet der Brennstoff. Als Beispiele können in diesem Zusammenhang Oberschlesische und Westfälische Steinkohle gegenübergestellt werden. Oberschlesische Kohle brennt wegen ihres größeren Gehalts leicht flüchtiger gasartiger Bestandteile schneller an und kann deshalb in flacherer Brennschicht wie die schwerer anbrennende Westfälische Kohle verfeuert werden.

Schon bei mäßiger Erhitzung des Brennstoffes entwickeln sich die brennbaren Gase, die aber nur bei genügend hoher Temperatur und reichlicher Luftzuführung (unter Flammenbildung) vollkommen zu Kohlensäure verbrennen. Der feste Kohlenstoff, der Koks, verbrennt gleichfalls nur vollkommen, wenn genügend ausreichend vorgewärmte Luft zugeführt wird.

Ist die zugeführte Luft nicht ausreichend und die Verbrennungstemperatur zu niedrig, so ist die Verbrennung unvollkommen. Um dies zu vermeiden, ist anzustreben:

1. stets mit Luftüberschuß in der Feuerbüchse zu arbeiten und
2. die Luft möglichst hoch erhitzt und gleichmäßig gut über die gesamte Rostfläche verteilt dem Brennstoff zuzuführen.

Die zur Lokomotivbeheizung übliche Steinkohle braucht 8 m^3 je kg. Da zur vollkommenen Verbrennung ein Luftüberschuß von 50 % erforderlich ist, sind für 1 kg Steinkohlen etwa 12 m^3 Luft zu rechnen. Aschkastenöffnungen, Rostspalten und die gesamte Saugzuganlage sind für diese Luftmenge bei normaler Feuerhaltung bemessen.

Die Feuerbehandlung

Um eine möglichst vollkommene Verbrennung zu erreichen, ist die Rostfläche mit einer angemessenen hohen Grundbrennschicht dauernd gut bedeckt zu halten. Die Oberflächenform der gesamten Brennschicht soll muldenförmig sein, so daß sie etwa einer Kohlenschippe, mit den von vorn nach hinten ansteigend verlaufenden Wandungen, gleicht. Besonders bei starken und stärksten Beanspruchungen der Lokomotive ist die muldenförmige Oberfläche des Feuers sorgfältig zu erhalten.

Das Feuer ist laufend in der Weise zu beschicken, daß an den Seiten und der hinteren Feuerbüchswand (unter der Feuertür und in beiden hinteren Ecken) der Brennstoff auf die hell durchgebrannte Grundbrennschicht aufgeworfen wird. Hierbei ist zu beachten, daß unter dem Feuerschirm und darüber hinaus rückwärts, gut bis zur mittleren Rostfläche, die Grundbrennschicht durch Nachrutschen der schon entgasten Kohle, nicht aber durch Aufwerfen frischen Brennstoffes, gebildet wird. Kleinere Berichtigungen, bedingt durch Brennstoffart und Körnung, werden durch leichtes Überstreuen vorgenommen. Entsprechend der jeweiligen Leistung der Lokomotive und der sich daraus ergebenden Rostbeanspruchung während der Fahrt, besteht die Feuerbeschickung in größeren oder kleineren Pausen aus 5—6 Würfen mit der gefüllten Kohlenschaufel. Wenn der Brennstoff nicht zuviel schlackenbildende Teile enthält, gelangen die sich bildenden Schlackentropfen, bei einem in beschriebener Weise gut unterhaltenen hellen Feuer, mit entsprechend hoher Temperatur, größtenteils mit der Asche in den Aschkasten.

Die Benutzung des Feuer- oder Schürhakens zur Regulierung des Feuers ist bei der geschilderten Feuerbehandlung nicht erforderlich. Unzweckmäßige Benutzung des Schürhakens steigert den Brennstoffverbrauch unnötig. Die Kohle zerfällt hierbei und begünstigt den Durchfall noch brennbarer Teile in den Aschkasten. Da das Feuer bei Verwendung des Hakens stets zur Verschlackung neigt, ist ein solcher während der Fahrt möglichst nicht zu benutzen. Hiervon ist nur am Ende der Fahrt, um das Feuer zu verteilen und die Schlacke zu entfernen, Gebrauch zu machen.

Der Verbrennungsvorgang bei der vorbeschriebenen Feuerbehandlung ist etwa folgender: Durch den vorderen und mittleren Teil des Rostes strömt mehr Verbrennungsluft in die Feuerbüchse, als die dort vorhandene niedrige helle Brennschicht für vollkommene Verbrennung zu Kohlensäure benötigt. Der höheren Beschickungsschicht an den Seitenwänden und der hinteren Feuerbüchswand entweicht wegen des dort bestehenden Luftmangels Kohlenoxyd, das sich mit der überschüssigen hoch erhitzten Luftmenge des vorderen und mittleren Rostteils verbindet und zu Kohlensäure verbrennt. In einfacher aber vollkommener Weise wird dieser Verbrennungsvorgang durch den Feuerschirm unterstützt, indem ein zu schnelles Abströmen überschüssiger Luft verhindert, eine bessere Vermischung mit den unverbrannten Gasen erzwungen und dadurch eine höhere Verbrennungstemperatur erreicht wird. (Bild 5)

Beim Anfahren werden, da dann die Dampfmaschine mit ausgelegter Steuerung arbeitet, große Luftmengen angesaugt, die das Feuer sehr schnell anfachen. Der Heizer soll in diesem Augenblick nicht beschicken, sondern damit warten, bis der Lokomotivführer die Steuerung eingelegt hat, um zu starke Abkühlung der Rohrwand usw. zu vermeiden.

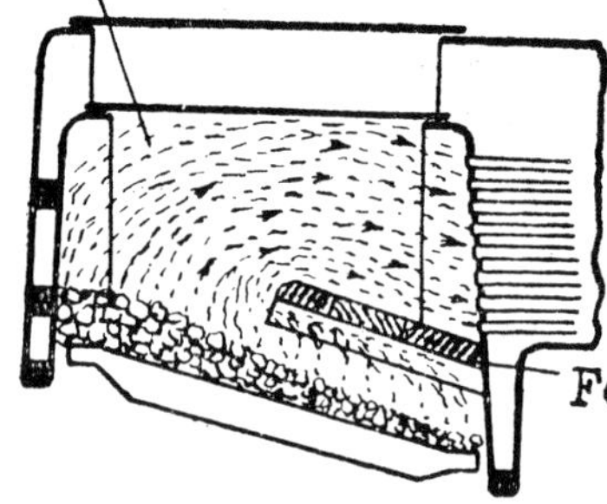

Bild 5.

Bei gut liegendem Feuer entgast die frisch aufgeworfene Kohle schnell. Hierbei ist die Rauchentwicklung gering, da die leichten Kohlenwasserstoffgase gut verbrennen. Voraussetzung ist hierbei, daß das Feuer häufiger, aber in kleineren Mengen, beschickt wird, wobei die Kohle bis zur Faustgröße zerkleinert sein muß.

Wird die glühende Kohle durch übermäßig reichliche Beschickung abgedeckt, so sinkt die Verbrennungstemperatur. Die gasförmigen Kohlenwasserstoffverbindungen entweichen als Rauch und Qualm. Eine ähnliche rußbildende Erscheinung ist bei Luftmangel zu beobachten.

Sind die aufgeworfenen Kohlenstücke zu groß, so streicht viel Luft unausgenutzt durch die Hohlräume. Die Feuerschicht wäre hierbei entsprechend höher zu halten. Jedoch könnte dann die Dampfentwicklung nicht mehr durch die Beschickung ausreichend reguliert werden. Der Heizer behilft sich hierbei, indem er die Aschkastenklappen schließt, den Kessel übermäßig voll speist und die Feuertür öffnet. Zu diesen falschen Maßnahmen mit ihren schädlichen Folgen kommt zusätzlich n o c h die starke Rauch- und Qualmbildung als Zeichen unwirtschaftlichen Kohlenverbrauchs.

Um die Feuererhaltung unter sparsamstem Kohlenverbrauch der jeweiligen Kesselbelastung anzupassen, muß der Heizer auch die Streckenverhältnisse genau kennen. Es ist anzustreben, auch bei hoher Kesselbeanspruchung und möglichst gleichbleibendem Wasserstand den vollen Kesseldruck und möglichst hohe Dampfüberhitzung zu halten.

Ist die Feuertür während der Fahrt bei geschlossenem Regler zu öffnen, so muß vorher der Hilfsbläser angestellt werden, um zu vermeiden, daß die Flamme aus der Feuertür herausschlägt.

Normalerweise ist die in Fahrtrichtung hintere Aschkastenklappe geschlossen zu halten und der Luftzug durch die in Fahrtrichtung vordere Aschkastenklappe zu regeln. Im Winter jedoch, beim Durchfahren von Schneeschanzen, wird die vordere Aschkastenklappe geschlossen und die hintere geöffnet.

Die Rauchkammer- und Aschkastenspritzvorrichtung ist beim Schließen des Reglers anzustellen, um die glühenden Aschenteilchen zu löschen und um ein Ausglühen und Verziehen der Bleche zu vermeiden.

Bei vollkommener Verbrennung enthalten die dem Schornstein entweichenden Abgase nur Kohlensäure, Stickstoff und Wasserdampf. Sichtbar ist hiervon nur der Wasserdampf. Ist jedoch Rauch und Ruß in den austretenden Abgasen enthalten, so ist die Verbrennung unvollkommen. Die Färbung der Rauchgase wechselt vom Weiß des Wasserdampfes bei guter Verbrennung über bläulich und gelblichgrau bis zum tiefen Schwarz bei sehr schlechter Verbrennung.

Starken Einfluß auf die Anfachung des Feuers hat die Form des Blasrohrs und seine Stellung zum Schornstein. Der Blasrohrquerschnitt steht zum Querschnitt aller Heiz- und Rauchrohre und zur Größe der Rostfläche in einem auf Grund von Versuchen für eine günstigste Dampferzeugung genau festgelegten Verhältnis. Die Mittelachse des Blasrohrs muß sich mit der des Schornsteins decken. Der Abstand des Blasrohrs vom Schornstein darf gegenüber dem konstruktiv festgelegten Wert nicht verändert werden.

Nach und nach verklebt die Blasrohröffnung durch Ablagerung von Zylinderölrückständen des Abdampfes. Die Blasrohrmündung wird verengt und erhöht. Der Schornstein wird durch den ausströmenden Dampf nicht mehr ganz ausgefüllt und die Saugwirkung auf das Feuer verschlechtert sich. Ferner drückt der verengte Blasrohrquerschnitt auf den Dampfkolben. Die Lokomotive läuft schwerer und verbraucht mehr Dampf. Ähnliche Auswirkung hat eine schiefe Blasrohrstellung, wenn der Auspuffdampf sich am Rauchkammermantel stößt.

Dampfkunde

Wenn man Wasser in einem offenen Gefäß bei normalem Luftdruck erwärmt, so steigt die Wassertemperatur höchstens bis auf 100 °C. Wird dem Wasser, nachdem es eine Temperatur von 100 °C erreicht hat, noch weitere Wärme zugeführt, so bleibt seine Temperatur unverändert. Sie steigt selbst bei der stärksten Wärmezufuhr nicht weiter an. Das Wasser beginnt zu kochen oder zu sieden; es beginnt die Verdampfung unter heftigem Wallen. Die Temperatur des Dampfes ist gleich der Wassertemperatur 100 °C. Die Temperatur, bei welcher das Wasser siedet, heißt Siedepunkt oder Siedetemperatur. Die sich entwickelnde Dampfmenge ist von der jeweils zugeführten Wärmemenge abhängig.

Als Maßeinheit für Gas- und Dampfdrücke gilt die technische Atmosphäre (at). Eine Atmosphäre (at) entspricht dem Druck von 1 kg auf 1 cm² Fläche (kg/cm²). Dem gleichen Druck von 1 at entspricht der einer Wassersäule von 10 m Höhe und der einer Quecksilbersäule von 735,6 cm Höhe bei 20 °C auf 1 cm² Fläche. Der auf uns lastende äußere Luftdruck entspricht fast genau 1 at. Er ist abhängig von der jeweiligen Höhenlage (1,033 at am Meeresspiegel). Dieser äußere Luftdruck wird als absoluter Luftdruck bezeichnet. Im Gegensatz hierzu wird in der Technik der Druck von Wasserdampf, Preßluft usw. in Atmosphären Überdruck (atü) angegeben, d. h. den Betrag in kg/cm², um den der Druck über dem absoluten Druck liegt. Beträgt beispielsweise die Dampfspannung in einem Kessel 12 at Überdruck (atü), so entspricht das einem absoluten Druck von 13 Atmosphären (ata). Im praktischen Lokomotivdienst wird nur von Überdruck gegenüber dem äußeren Luftdruck gesprochen. Sämtliche Manometer auf der Lokomotive zeigen nur den Überdruck an.

Die Siedetemperatur verändert sich mit dem auf dem Wasser stehenden Druck. Sie nimmt mit steigendem Druck zu und sinkt mit abnehmendem Druck. Unter normalem atmosphärischem Luftdruck (1 ata) siedet Wasser bei rund 100 °C, während es unter 10 atü erst bei 183 °C und unter 0,10 ata schon bei 45 °C siedet, also in Dampf übergeht.

Um kaltes Wasser von 0 °C bei normalem atmosphärischem Luftdruck in gesättigten Dampf (Sattdampf oder Naßdampf) zu verwandeln, ist eine Wärmemenge von rund 639 Wärmeeinheiten pro kg (639 WE/kg) aufzuwenden (Bild 6). Dieser Wärmeinhalt des Sattdampfes (Spalte 6 der Dampftabelle) von 639 WE/kg besteht aus zwei Teilen:

1. der Flüssigkeitswärme (Spalte 4 der Dampftabelle); das sind rund 100 WE/kg, die das Wasser aufnimmt, um zunächst die Siedetemperatur (100 ° C) zu erreichen;
2. der Verdampfungswärme (Spalte 5 der Dampftabelle); das sind weitere 539 WE/kg, die dem Wasser noch zuzuführen sind, bevor es verdampft ist.

Die Verdampfungswärme ist latent, d. h. sie kann mit dem Thermometer nicht gemessen werden; sie wird bei der Verdampfung ganz in Arbeit (Verdampfungsarbeit) umgesetzt. Erst bei der Kondensation des Wasserdampfes wird die Verdampfungswärme wieder frei und für technische Zwecke verfügbar.

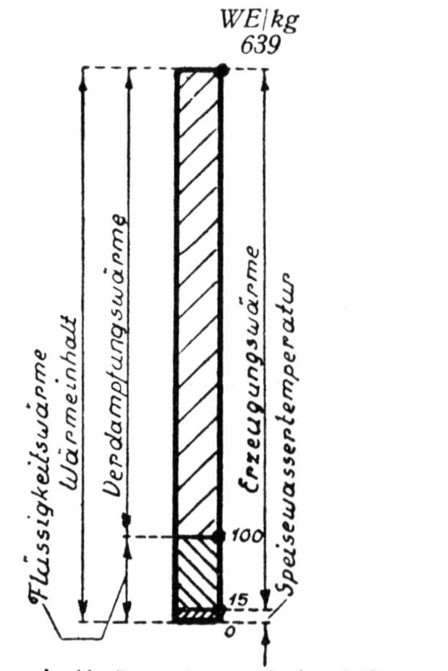

Wärmemenge in 1 kg Dampf von 1 kg/cm² Druck

Bild 6. Wärme im Dampf

Praktische Anwendung findet die bei der Kondensation wieder frei werdende Verdampfungswärme bei der Dampfheizung in den Reisezügen. Hierbei liefert eine Dampflokomotive oder ein besonderer Heizkesselwagen den Dampf, der durch eine Heizleitung in die Wagen geführt wird. Aus jedem kg Dampf, das sich in den Heizkörpern, Rohrleitungen usw. als Kondenswasser niederschlägt, werden 539 WE zur Beheizung der Züge frei.

Da normalerweise die Temperatur des Kesselspeisewassers mehr als 0 °C beträgt, ist die zur Dampferzeugung erforderliche Gesamtwärme um die Flüssigkeitswärme des Speisewassers geringer. Diese zur Dampferzeugung erforderliche Gesamtwärmemenge in WE/kg nennt man die Erzeugungswärme.

Die bis hierher gemachten Ausführungen gelten nur für Sattdampf. Die Zusammenhänge zwischen Dampfdruck, Temperatur, Wärmeinhalt, spezifischem Rauminhalt und Dampfgewicht gehen aus nachstehender Dampftabelle hervor.

Dampftabelle für gesättigten Wasserdampf

Dampf-überdruck atü kg/cm²	Absoluter Druck ata kg/cm²	Dampf-temperatur °C	Flüssig-keits-wärme WE/kg	Verdampfungs-wärme W/Ekg	Wärme-inhalt WE/kg	Spezifischer Rauminhalt m³/kg	Spezifisches Gewicht des Dampfes kg/m³
1	2	3	4	5	6	7	8
—	0,1	45,4	45,3	571,4	616,7	14,96	0,07
—	0,5	80,9	80,8	550,4	631,2	3,29	0,30
—	1,0	99,1	99,1	539,4	639,0	1,72	0,58
1,0	2,0	119,6	119,9	525.7	645,6	0,90	1,11
2,0	3,0	132,9	133.4	516,1	649,5	0,62	1,62
3,0	4,0	142,9	143,8	508,7	652,5	0,47	2,12
4,0	5,0	151,1	152,0	503,2	655,2	0,38	2,62
5,0	6,0	158,1	159,3	498,0	657,3	0,32	3,11
6,0	7,0	164,2	165,5	493,8	659,3	0,28	3,60
7,0	8,0	169,6	171,2	489,7	660,9	0,25	4,08
8,0	9,0	174,6	176,4	486,1	662,6	0,22	4,56
9,0	10,0	179,1	181,2	482,6	663,8	0,20	5,05
10,0	11,0	183,2	185,4	479,8	665,2	0,18	5,51
12,0	13,0	190,8	193,4	474,1	667.5	0,15	6,48
15,0	16,0	200,5	203,7	466,6	670,3	0,13	7,86
20,0	21,0	213,9	218,0	455,3	673,3	0,10	10,15
25,0	26,0	225,0	230,8	438,7	669,5	0,079	12,70
59,0	60,0	274,3	288,4	376,6	665,0	0,033	30,20
119,0	120,0	323,1	353,9	288,0	641,9	0,015	68,50

Der spezifische Rauminhalt des Dampfes (Spalte 7 der Dampftabelle) ist die aus einem kg Wasser erzeugte Dampfmenge in m³ (m³/kg). Je höher der Dampfdruck ist, um so dichter ist der Dampf. Das gleiche Dampfgewicht nimmt einen kleineren Raum ein.

Unter spezifischem Gewicht des Dampfes (Spalte 8 der Dampftabelle) ist das Gewicht von 1 m³ Dampf in kg zu verstehen (kg/m³). Es wird mit zunehmendem Dampfdruck (Dichte des Dampfes) größer.

Mit Dampf von 1 ata, also ohne Überdruck gegenüber der atmosphärischen Außenluft, läßt sich in der Dampfmaschine eine Arbeitsleistung nicht entwickeln. Der Dampf muß unter Spannung stehen, also auf Überdruck gebracht werden. Unsere normalen Dampflokomotiven arbeiten mit 12 bis 16 atü.

Der bisher erwähnte Naßdampf besitzt Eigenschaften, die seine Verwendung in der Dampfmaschine ungünstig beeinflussen. Der Feuchtigkeitsgehalt des Naßdampfes ist sehr verschieden. Werden bei angestrengter Arbeitsweise der Lokomotive große Dampfmengen aus dem Kessel entnommen, so können leicht Flüssigkeitsteilchen in den Dampf gelangen. Die Verdampfung ist dann sehr lebhaft. Die im Wasser aufsteigenden Dampfbläschen reißen beim Durchtritt durch die Wasseroberfläche und dem damit verbundenen Platzen Flüssigkeitsteilchen in den Dampfraum. Bei richtiger Kesselbedienung (nicht zu hohem Wasserstand und vorsichtigem Öffnen des Reglers) läßt sich der Feuchtigkeitsgehalt des aus dem Lokomotivkessel entnommenen Dampfes in praktisch erträglichen Grenzen halten.

Der Dampf berührt auf dem Wege vom Kessel über die Schieberkästen der Dampfmaschine in die Zylinder Teile, deren Temperatur wesentlich unter seiner eigenen liegt. Nun hat aber Naßdampf die unangenehme Eigenschaft, seine Wärme sehr leicht an kältere Wandungen abzugeben. Dabei werden zunächst einzelne Dampfteilchen zu Wasser und schweben als tropfbar feuchter Nebel im Dampf mit. Wird der Dampf zu feucht, so scheiden sich auch Wassertropfen an den Wandungen ab. Da aber Wasser bedeutend weniger Raum beansprucht als die gleiche Gewichtsmenge Dampf, so verliert infolgedessen der Naßdampf schon, bevor er im Zylinder Arbeit leisten kann, an Druck. Das bedeutet praktisch höheren Dampfverbrauch und entsprechend höheren Kohlenverbrauch der mit Naßdampf betriebenen Lokomotiven.

Hauptsächlich kühlt sich der Dampf in den Ein- und Ausströmkanälen zu den Zylindern der Dampfmaschine stark ab. Ihre Temperatur entspricht, während die Lokomotive unter Dampf arbeitet, etwa dem Mittel zwischen Eintritts- und Austrittstemperatur des Arbeitsdampfes. Naßdampf hat bei 10 atü Schieberkastendruck 183 ° C. Er verläßt die Zylinder bei normaler Füllung mit etwa 103 ° C. Die mittlere Zylindertemperatur, die erheblich unter der Dampftemperatur liegt, bedingt große Abkühlungsverluste. Diese unvermeidliche Abkühlung würde keinen Arbeitsverlust darstellen, wenn Naßdampf Wärme ohne Kondensationsverluste abgeben könnte. Eine solche Eigenschaft besitzt der Heißdampf. Wenn beispielsweise der im Kessel erzeugte Sattdampf mit 12 atü über seine Temperatur von 190 ° C hinaus auf etwa 350 ° C erhitzt wird, so kann dieser Dampf bei gleichbleibendem Druck um 160 ° C wieder abgekühlt werden, bevor die Kondensation einsetzt, so daß Leistungsverluste in den Zylindern fortfallen.

Zu diesem Zweck wird dem Sattdampf, der den Kessel bereits verlassen hat, also mit der Kesselwasseroberfläche nicht mehr unmittelbar in Verbindung steht, weitere Wärme zugeführt, indem man ihn auf dem Wege zur Dampfmaschine durch besondere Heizschlangen (Überhitzerelemente) führt. Der Dampf wird zunächst getrocknet. Sodann steigt bei gleichbleibendem Dampfdruck die Temperatur um etwa 100—150 ° C über die des gesättigten Dampfes hinaus.

Man bezeichnet solchen Dampf, dessen Temperatur um mindestens 100 ° C über der Sattdampftemperatur liegt, als überhitzten Dampf oder Heißdampf. Die über die Sattdampftemperatur hinausgehende Temperaturerhöhung heißt Überhitzung.

Zweckmäßig wird der Dampf auf etwa 350 — 400 ° C überhitzt. Eine weitergetriebene Überhitzung ist nutzlos. Der Auspuffdampf besitzt dann nur eine unnötig hohe Temperatur. Die Überhitzung ist richtig gewählt, wenn der verbrauchte Dampf fast bis zur Sättigungsgrenze abgekühlt wird.

Durch die Überhitzung vergrößert sich das spezifische Volumen des Dampfes um 20—25 %. Man erhält also mit Heißdampf aus einem m^3 Wasser bei gleichbleibendem Druck 20—25 % Zylinderfüllungen mehr als bei Naßdampf. Die Dampf- und somit Wasserersparnis beträgt gegenüber Naßdampflokomotiven gleicher Leistung bis zu 30 %. Der geringere Wasserverbrauch ermöglicht, mit Heißdampflokomotiven längere Strecken als mit Naßdampflokomotiven ohne Aufenthalt zum Wassernehmen zu durchfahren. Da die Überhitzung mit einem verhältnismäßig geringen Aufwand an Wärme erreicht wird, kann bei Heißdampflokomotiven mit einer Kohlenersparnis bis zu 20 % gegenüber Naßdampflokomotiven gerechnet werden.

Den großen wärmetechnischen Vorteilen des Heißdampfes stehen im Betrieb aber in schmierungstechnischer Hinsicht Nachteile gegenüber. Das beim Naßdampf verwendete Zylinderöl ist für die hohen Temperaturen des Heißdampfes nicht mehr ausreichend. Es würde zu schnell verdampfen und verkrusten.

Eine ausreichende Zylinderschmierung wäre nicht mehr gewährleistet. Bei Heißdampflokomotiven muß daher zur Schmierung aller dampfführenden Teile hochwertiges Heißdampfzylinderöl mit einem Flammpunkt von über 300 °C verwendet werden.

Speisewasservorwärmung durch Abdampf

Der den Zylindern entweichende Abdampf enthält noch erhebliche Wärmemengen. Die Speisewasservorwärmung hat den Zweck, diese sonst dem Schornstein ungenutzt entweichende Abdampfwärme teilweise auf das Kesselspeisewasser zu übertragen, wodurch eine nicht unbedeutende Kohlenersparnis erreicht wird. Es gibt zwei Möglichkeiten, die Abdampfwärme dem Speisewasser wieder zuzuführen:

1. **Oberflächenvorwärmer.** Das Kesselspeisewasser wird an Flächen vorbeigeleitet, die auf der Gegenseite vom Abdampf beheizt werden. Die Wärme wird hierbei nur durch Berührung einer den Abdampf und das Speisewasser trennenden Wand (Rohrbündel) übertragen. Der restliche Abdampf und das Kondenswasser werden abgeleitet.
2. **Mischvorwärmer** (Abdampfstrahlpumpen). Der Abdampf wird unmittelbar in das Speisewasser geleitet und die Wärme durch Mischung von Dampf und Wasser übertragen.

Bei unmittelbarer Vermischung mit dem Speisewasser muß vorher das im Abdampf enthaltene Zylinderöl entfernt werden. Ölhaltiges Speisewasser könnte im Kessel „Siedeverzug" verursachen. Wird ein unter Dampfdruck stehender Kessel einige Stunden nicht bewegt und dem Kessel auch sonst kein Dampf entnommen, so tritt infolge der Ölschicht auf der Wasseroberfläche, trotz weiterer Wärmezufuhr, keine Drucksteigerung ein. Wenn ein solcher Kessel leicht erschüttert wird, wobei das Wasser sich bewegt und die Ölschicht zerreißt, springt der Dampfdruck plötzlich um einige Atmosphären höher, was die Sicherheit des Kessels gefährden kann.

Im Oberflächenvorwärmer beträgt die Temperatur des Abdampfes und die des Kondenswassers rund 100 °C. Die beim Kondensieren des Abdampfes frei werdende Verdampfungswärme beträgt rund 540 WE/kg. Bei einer als normal anzusprechenden Vorwärmung auf 95—100 °C und einer vorherigen Temperatur des Wassers im Tender von 10 °C nimmt dieses rund $100 - 10 = 90$ WE je kg auf. Mit einem kg Abdampf können somit $540 : 90 = 6$ kg Speisewasser vorgewärmt werden. Je nach der Bedienungsweise ist die Wirkung der Vorwärmeanlage verschieden. Bei den normalen Vorwärmeanlagen unserer Lokomotiven sind die Ausströmleitungen der Dampfmaschine so angezapft, daß neben dem Abdampf der Luft- und Wasserpumpen in der Regel $^1/_6$ des Auspuffdampfes zum Vorwärmen des Speisewassers benutzt werden.

Die Blasrohrwirkung wird durch die Abzweigung eines Teils des Maschinenabdampfes geringer. Daß dadurch die Feueranfachung etwas zurückgeht, kann wegen des unmittelbaren Wärmerückgewinnes in Kauf genommen werden, weil auf dem Rost entsprechend weniger Kohle verbrannt wird.

Wasserüberreißen

Bei der Verdampfung treten die Dampfblasen durch die Wasseroberfläche hindurch, um sich über dem Wasser im Dampfraum zu vereinigen. Der kreisförmige Kesselquerschnitt bedingt, daß mit ansteigendem Wasserstand im Kessel die Verdampfungsoberfläche kleiner wird. Das ist der Fall, wenn der sichtbare Wasserspiegel im oberen Hahnkopf des Wasserstandsanzeigers verschwunden ist. Bei hohem Wasserstand und starker Kesselbelastung, also lebhafter Verdampfung, muß dann eine zu große Dampfmenge durch die Wasseroberfläche treten. Dann können vom Dampf größere Mengen Wassers mitgerissen werden. Daher soll möglichst während der ganzen Fahrt der Wasserstand auf halber Höhe gehalten werden.

Bei unvorsichtigem plötzlichem Aufreißen des Reglers ist die Gefahr des Wasserüberreißens immer gegeben. Der Dampf im Kessel drängt dann mit hoher Geschwindigkeit in den hinter dem Regler liegenden drucklosen Raum und reißt hierbei Wasser mit. Deshalb ist der Regler stets langsam und vorsichtig zu öffnen.

Verunreinigtes Kesselwasser und eine zu hohe Kesselwasserdichte begünstigen das Überreißen. Die im Speisewasser enthaltenen Salze werden nicht mit verdampft, sondern verbleiben gelöst im Kesselwasser. Das Kesselwasser nimmt in der Zeit zwischen zwei Auswaschungen ständig an Dichte zu. Hat diese einen bestimmten Wert erreicht, so beginnt das Wasserüberreißen. Die Lokomotivkessel neigen daher kurz vor dem Auswaschen besonders leicht zum Überreißen. Je nach Art des Speisewassers und der Beanspruchung der Lokomotive ist die Zeit bis zur Erreichung der erwähnten Grenze unterschiedlich. Durch regelmäßiges Abschlammen des Kessels wird der Salzgehalt des Kesselwassers niedrig gehalten. Die Neigung des Wasserüberreißens wird durch häufiges Abschlammen wesentlich herabgesetzt.

Die mit dem Dampf in die Dampfzylinder übergerissenen Wassermassen geben Anlaß zu Zerstörungen an den Dampfkolben, Zylindern und Zylinderdeckeln (Wasserschläge). Wird das Wasser mit dem Auspuffdampf durch den Schornstein gerissen, so werden durch hierbei mitgenommenen Ruß und Lösche u. U. Reisende auf den Bahnsteigen beschmutzt.

Bei Heißdampflokomotiven wird das im Dampf mitgerissene Wasser zum Teil im Überhitzer verdampft. Die so entstehende Dampfmenge kann durch Schließen des Reglers nicht abgesperrt werden. Sie gelangt, wenn ihr nicht vorher durch den Druckausgleicher ein Weg ins Freie geöffnet wird, in die Dampfmaschine. An Stellen, wo besonders vorsichtig gefahren werden muß, z. B. in Lokomotivschuppen, auf Drehscheiben und Schiebebühnen, können durch das Überreißen Unfälle verursacht werden, wenn die Lokomotive durchgeht und nicht rechtzeitig angehalten werden kann.

Durch die Nachverdampfung des feuchten Kesseldampfes im Überhitzer sinkt die Überhitzungstemperatur stark ab. Der Lokomotivführer erkennt das Überreißen daran, daß der Zeiger des Heißdampfthermometers schnell auf niedrige Temperaturen zurückgeht.

Kesselexplosion

Ein unter Druck stehender Lokomotivkessel stellt einen Kraftsammler dar, der bei unsachgemäßer Behandlung gewaltige Zerstörungen anrichten kann. Unter Kesselexplosionen (Kesselzerknalle) sind größere Beschädigungen der Kessel zu verstehen, so daß ein plötzlicher ungewollter erheblicher Druckabfall im Kessel hervorgerufen wird. Beschädigungen von Kesseln, die zur Explosion führen, können verursacht werden durch Baustoff-Fehler, Herstellungsfehler, unsachgemäße Bedienung (Ausglühen von Kesselteilen, unzulässige Drucksteigerung), übermäßig stark abgezehrte Kesselteile und durch gewaltsame Beschädigung bei Zusammenstößen. Kleinere Risse, wie beispielsweise das Reißen von Rohren oder dergleichen, wobei der Druckabfall und Wasserverlust nur allmählich stattfindet, sind nicht als Explosion zu bezeichnen.

Durch einen plötzlichen Ausgleich des Kesseldrucks mit dem äußeren Luftdruck wird die gesamte im Kessel gespeicherte Energie in ganz kurzer Zeit frei. Entsprechend groß sind dann die Zerstörungen. Der Vorgang ist etwa folgender: Bei einem Lokomotivkessel mit einem Betriebsdruck von 12 atü findet plötzlich durch einen Riß im Kesselmantel eine völlige Entlastung statt. Nach der Dampftabelle beträgt bei 12 atü die Dampftemperatur 190,8 °C und die Flüssigkeitswärme 193,4 WE/kg. Durch den plötzlichen Druckabfall von 12 atü auf 1 ata ist das Wasser überhitzt, denn die entsprechende Flüssigkeitswärme beträgt bei 1 ata nur 99,1 WE/kg. Da das Wasser jedoch noch die Temperatur und Flüssigkeitswärme für 12 atü besitzt, so wird durch die plötzliche Druckentlastung 193,4 — 99,1 WE = 94,3 WE je kg Wasser frei. In einem mittleren Lokomotivkessel, mit etwa 7 m^3 Wasserinhalt, würde somit eine Wärmemenge von 7000 × 94,3 = 660 100 WE plötzlich frei. Diese Wärmemenge bildet jedoch aus dem Kesselwasser sofort wieder Dampf. Da gemäß Dampftabelle zur Erzeugung von 1 kg Dampf immer 539,4 WE erforderlich sind, entstehen 660 100 : 539,4 = 1223 kg Dampf. Diese 1223 kg Dampf von Atmosphärendruck (1 ata) beanspruchen einen Raum von 1223 × 1,72 = 2104 m^3. Das Kesselsicherheitsventil und die Öffnung von dem Kesselmantelriß sind aber nicht in der Lage, so ungeheure Dampfmengen plötzlich abzuführen. Es tritt daher nach dem Druckabfall eine sehr starke Dampfentwicklung aus der frei gewordenen Wärme des Kesselwassers ein, die eine außerordentlich hohe Drucksteigerung und auf diese Weise eine weitere Zerstörung der Kesselwandungen zur Folge hat. Die eigentliche Kesselexplosion ist erst die Folgeerscheinung einer vorhergegangenen Beschädigung des Kessels mit erheblichem Druckabfall.

Durch gesetzliche Bestimmungen hinsichtlich der zu verwendenden Kesselbaustoffe, genaue Überwachung bei der Herstellung von Kesseln, fristgemäße Untersuchungen des Kesselinnern und gründliche Ausbildung der Kesselbediener (insbesondere der Lokomotivpersonale) ist heute dafür gesorgt, daß Kesselexplosionen nur noch wenig vorkommen. Übersteigt der Kesseldruck den für den Kessel zulässigen höchsten Betriebsdruck, so entweicht der Dampf durch das hierfür eingestellte Kesselsicherheitsventil. Änderungen an der Einstellung vorzunehmen, ist dem Lokomotivpersonal grundsätzlich verboten und durch Plombieren der Ventile unmöglich gemacht.

Eine große Gefahrenquelle für Kesselexplosionen bringt das Ausglühen von Kesselteilen mit sich. Um das Ausglühen von Kesselteilen zu vermeiden, muß das Wasser im Kessel stets so hoch gehalten werden, daß alle vom Feuer oder heißen

Rauchgasen berührten Teile bedeckt sind. Die Feuerbüchsdecke ist als höchste vom Feuer berührte Stelle bei Wassermangel am meisten gefährdet. Die Festigkeit der Kesselbaustoffe, insbesondere die des Kupfers, nimmt bei den infolge Wassermangels auftretenden hohen Temperaturen so stark ab, daß Einbeulungen und Risse mit den verheerenden Folgen eines Zerknalls zu befürchten sind. Aber auch Kesselsteinnester in den Stehbolzenfedern der Feuerbüchsseiten und -Rückwände verursachen durch Wärmestauungen infolge mangelhafter Kühlung der Kesselbauteile und Absinken der Festigkeit, Ausglüherscheinungen (ausgebeulte Feuerbüchswände und abgerissene Stehbolzen). Nur durch gründliches Auswaschen der Lokomotivkessel lassen sich diese versteckten Gefahrenquellen vermeiden. Während Kesselsteinnester nicht mit der Bedienung des Kessels zusammenhängen, ist Wassermangel fast immer auf schwere Bedienungsfehler durch das Lokomotivpersonal zurückzuführen. Die vom Wasser nicht mehr gekühlte Feuerbüchse wird immer heißer, das Blech verliert immer mehr an Festigkeit, bis es dem Kesseldruck nicht mehr standhalten kann und zerreißt.

Wenn infolge Wassermangels Kesselteile glühend geworden sind, so darf grundsätzlich niemals Wasser hinzugepumpt werden. Durch Nachspeisen würde dann an den überhitzten Wandungen eine derartig hohe Verdampfung eintreten, daß die darauf folgende unzulässig hohe Drucksteigerung eine Kesselexplosion hervorrufen könnte. Das Feuer muß dann sofort vom Rost entfernt, der Dampf abgelassen und der Kessel zur langsamen Abkühlung abgestellt werden. Die Lokomotive darf dann erst wieder in Betrieb genommen werden, nachdem im Unterhaltungswerk festgestellt ist, daß keine Schäden eingetreten sind, oder, sofern es doch der Fall war, diese Schäden beseitigt wurden.

Die Dampfmaschine

Bei den Dampflokomotiven wird die Zugkraft fast ausnahmslos durch Kolbendampfmaschinen entwickelt. Unsere Dampflokomotiven sind größtenteils als Zweizylindermaschinen (oder Zwillingsmaschinen) ausgebildet. Zum Studium aller anderen Lokomotivdampfmaschinen ist immer wieder die Kenntnis der Zwillingsdampfmaschine Voraussetzung. Deshalb soll diese zunächst behandelt werden.

1. Allgemeine Arbeitsweise der Steuerung

Bei den Zweizylinder-Lokomotiven sind in Deutschland die Treibzapfen der beiden Triebwerke um 90° gegeneinander versetzt, und zwar derart, daß der rechtsseitige Treibzapfen dem linksseitigen vorauseilt. Zweck dieser Anordnung ist eine leichtere Überwindung der Totpunktlagen und ein möglichst gleichförmiger Gang des Triebwerks. Die Dampfmaschine selbst (Bild 7) besteht aus dem Dampfzylinder, in welchem sich ein Kolben durch den Dampf hin- und herbewegt. Die hin- und hergehende Bewegung des Dampfkolbens wird durch die Kolbenstange und den Kreuzkopf mittels der Treibstange auf die Treibkurbel übertragen und hier in eine Drehbewegung umgewandelt. Infolge der sich drehenden Treibkurbel bzw. des sich drehenden Treibrades setzt sich das ganze Triebwerk mit dem Fahrgestell in eine fortschreitende Bewegung; vorausgesetzt, daß die Reibung zwischen Schiene und Radumfang groß genug ist.

Der Dampf strömt bei geöffnetem Regler aus dem Kessel durch das Einströmrohr zunächst in den Schieberkasten. Das Bild 7 stellt eine Lokomotivdampfmaschine älterer Bauart mit Flachschiebersteuerung dar. Der Dampf gelangt aus dem Schieberkasten S durch die Dampfkanäle abwechselnd zu den beiden Kolbenseiten. Der entspannte Dampf tritt, nachdem er im Zylinder Arbeit geleistet hat, unter dem Schieber hindurch, durch den Ausströmkanal, das Blasrohr und den Schornstein ins Freie.

Wenn die Lokomotive fährt, wird der Dampfschieber zwangsweise bewegt und so die geschilderte Dampfverteilung (Dampfein- und -Auslaß) gesteuert. Die Bau-

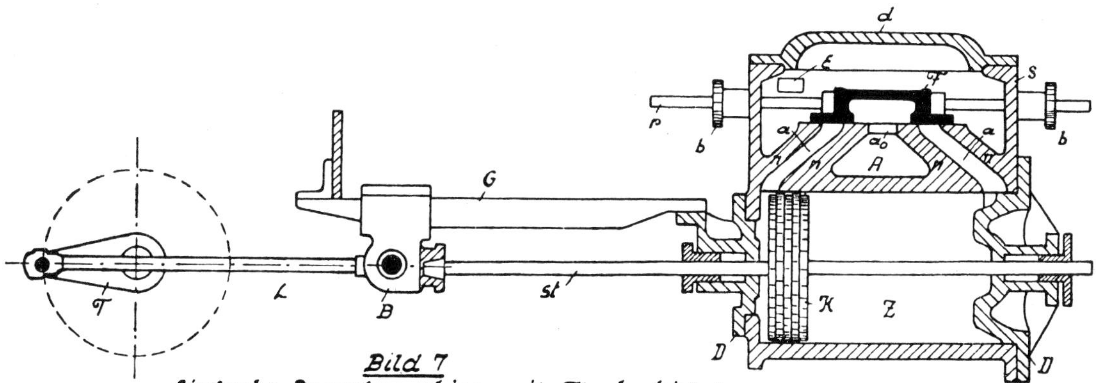

Bild 7
Einfache Dampfmaschine mit Flachschieber

K Dampfkolben, *B* Kreuzkopf, *G* Gleitbahn, *Z* Dampfzylinder, *S* Schieberkasten (Dampfkammer), *st* Kolbenstange, *L* Treibstange, *T* Treibkurbel, *D* Zylinderdeckel, *d* Schieberkastendeckel, *b* Stopfbuchsen, *F* Dampfschieber, *a* u. a_0 Dampfkanäle, *n* Stege, *r* Schieberstange, *E* Dampfeinlaß, *A* Dampfauslaß

teile, die den Vorgang bewirken, nennt man Steuerung. Diejenigen Teile, welche die Dampfverteilung im Zylinder regeln, nämlich Schieber und Schieberspiegel, werden als innere Steuerung bezeichnet. Die Antriebsteile für die innere Steuerung bilden die äußere Steuerung.

Wenn der Dampfschieber mit seiner Grundfläche (Schiebergesicht) infolge starker Abnutzung nicht mehr dampfdicht auf dem Schieberspiegel gleitet oder bei einem Kolbenschieber die Ringe nicht mehr dampfdicht an der Schieberbuchse anliegen, so entweicht der Dampf, ohne Arbeit zu leisten, durch die Schieberundichtigkeiten in den Schornstein. Man sagt dann: „Der Schieber heult durch“, was mit dem Gehör leicht feststellbar ist. Ein Flachschieber wird dann neu abgerichtet (aufgeschabt), und ein Kolbenschieber erhält dann neue Ringe.

Die an eine Lokomotivsteuerung zu stellenden Forderungen sind folgende:

1. Die Dampfkanäle vom Schieberkasten zum Dampfzylinder sind entsprechend den jeweiligen Kolbenstellungen zu öffnen und abzusperren.
2. Man muß die Maschinenleistung durch Veränderung der Zylinderfüllungen in weiten Grenzen ändern können.
3. Die Lokomotive bzw. die Dampfmaschine muß von Vorwärtsfahrt auf Rückwärtsfahrt umsteuerbar sein.

2. Zusammenhänge zwischen Kurbel und Kolbenbewegung

Die vorderen und hinteren Endstellungen des Dampfkolbens im Zylinder werden als vordere und hintere Totpunktlagen bezeichnet (Bild 8). In diesen beiden Stellungen (v und h) bilden die Treibkurbel und Treibstange mit der Zylinderachse und Kolbenstange eine einzige zusammenfallende gerade Linie. Den ganzen Weg des Kolbens von einer Totlage bis zur anderen nennt man Kolbenhub. Er ist so groß wie der Durchmesser des Kurbelkreises. Einer Kurbelumdrehung entspiechen zwei Kolbenhübe. Steht die Kurbel senkrecht nach oben (Stellung o) oder senkrecht nach unten (Stellung u), so sagt man, die Kurbel steht auf dem höchsten oder auf dem tiefsten Hub.

Da die treibende Kraft des Dampfes auf den Kolben wirkt geht an sich auch die Bewegung der Kurbel von hier aus. Jedoch ist die ungleiche Arbeitsweise des Dampfes im Zylinder nur beim Anfahren an der ungleichförmigen Bewegung des

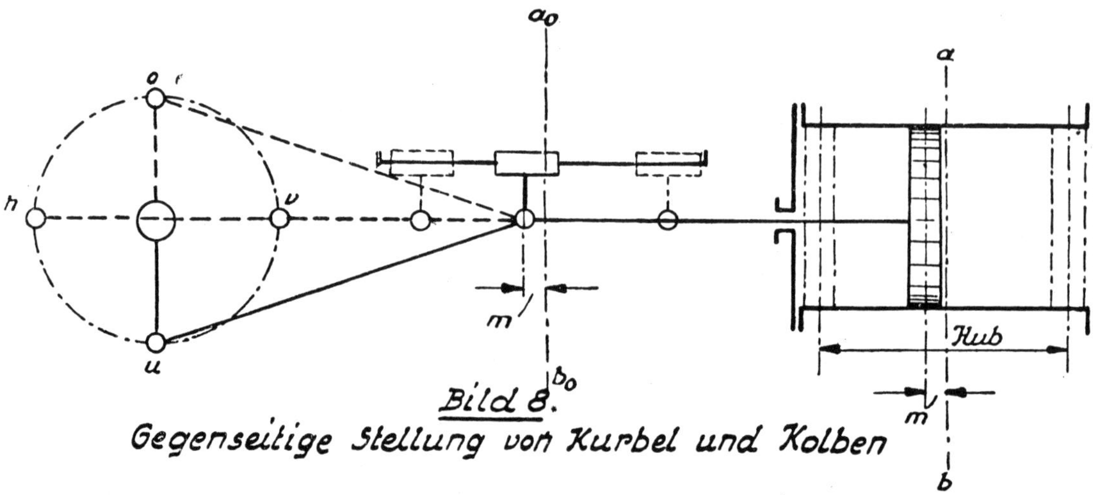

Bild 8.
Gegenseitige Stellung von Kurbel und Kolben

Stellung *v* Kurbel und Kolben stehen im vorderen toten Punkt,
" *h* Kurbel und Kolben stehen im hinteren toten Punkt,
" *o* Kurbel steht auf dem höchsten Hub,
" *u* Kurbel steht auf dem tiefsten Hub

a—b Hubmitte
a_0—b_0 Kreuzkopf in Mittelstellung

Treibzapfens und der ganzen Lokomotive spürbar. Während der Fahrt nimmt die Lokomotive eine gleichförmige Geschwindigkeit an. Auch die Kurbel dreht sich mit gleichmäßiger Geschwindigkeit, so daß der Kolben sich in seinem Lauf nach der Kurbel richten muß.

In Bild 8 stellt die Linie a—b die Hubmitte dar. Für die senkrechte Stellung der Kurbel nach oben oder unten ist die Lage des Treibzapfens mit o bzw. u bezeichnet. Die entsprechende Kolbenstellung im Zylinder ergibt sich durch Abtragen der Treibstangenlänge mittels Zirkel. Der Schnittpunkt mit der Mittellinie der ganzen Maschine entspricht der Mitte des Kreuzkopfbolzens. Durch Abtragen der Kolbenstangenlänge von hier aus wird die Kolbenstellung im Zylinder festgestellt. Wir sehen, daß der Kolben bereits um das Stück m über die Hubmitte hinaus ist. Wenn wir den Kurbelhalbkreis für die Vorwärts- und Rückwärtsbewegung des Kolbens am Umfang in je 10 gleiche Teile einteilen (Bild 9) und, wie schon beschrieben, die dazugehörigen Kolbenstellungen suchen, so finden wir, daß für gleich große Kurbelwege die zugehörigen Kolbenwege verschieden groß sind. Da jeder einzelne Teil des Kolbenweges bei gleichförmigem Umlauf der Kurbel in der gleichen Zeit durchlaufen werden muß, ergibt sich, daß die Geschwindigkeit des Kolbens von den Totpunkten nach der Mitte zu immer größer wird, im höchsten und tiefsten Hub ihren größten Wert erreicht, und von da ab nach den Totpunkten zu wieder abnimmt. Es findet also von den Totpunkten bis zur Mitte eine beschleunigte und von der Mitte nach den Totpunkten eine verzögerte Bewegung des Kolbens statt.

Bei Stellung der Treibkurbel auf dem höchsten bzw. tiefsten Hub ist die Entfernung des Kolbens von der Hubmitte (das Maß m im Bild 8) um so kleiner, je länger die Treibstange im Vergleich zur Treibkurbel ist, um so gleichmäßiger wird auch die Kolbenbewegung in der vorderen und hinteren Zylinderhälfte. Diese Erkenntnis veranlaßt, einmal die Treibstange so lang wie konstruktiv möglich zu gestalten. Auch verkleinert sich der senkrechte Druck gegen die Kreuzkopfgleitbahn bei längeren Treibstangen. Konstruktiv findet die Treibstangenlänge ihre Grenze in der erheblichen Knickbeanspruchung bei sehr großen Längen. Ferner würde eine übermäßig lange Treibstange durch ihr sehr großes Gewicht in der Werkstatt zu unhandlich.

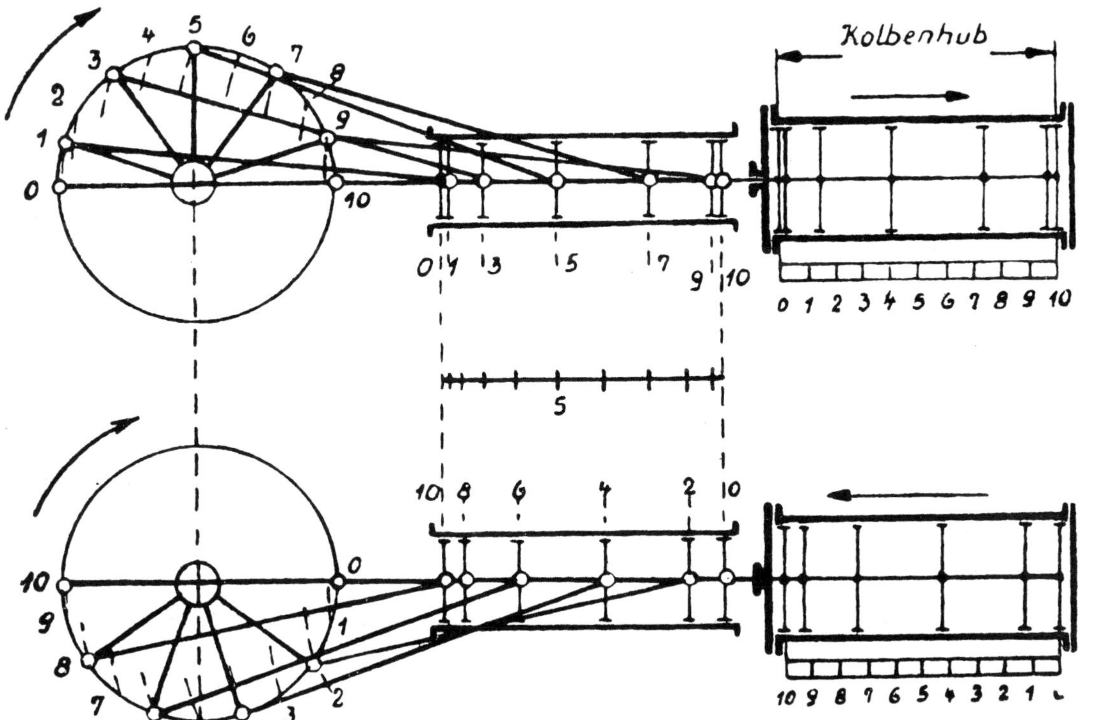

Bild 9.
Geschwindigkeitsverhältnisse zwischen Kurbel und Kolben

3. Arbeit und Leistung

Wenn eine Kraft auf einer bestimmten Wegstrecke sich auswirkt, so entsteht Arbeit. Die Arbeit errechnet sich aus dem Produkt „Kraft mal Weg" in Meterkilogramm (mkg). Heben wir zum Beispiel eine Last Q um 3 m in die Höhe, so ist eine Arbeit geleistet (Bild 10). Die dazu erforderliche Kraft sei P. Die Wegstrecke oder Hubhöhe der Last sei s.

Es ist:

$$\text{Arbeit (mkg)} = \text{Kraft (kg) mal Weg (m)}$$

Wird die Last Q = 150 kg um s = 3 m gehoben, dann beträgt die hierfür zu leistende Arbeit: 150 kg × 3 m = 450 mkg. Bildlich wird die zahlenmäßig errechnete Arbeit dargestellt, indem die Kraft senkrecht zum Weg aufgetragen wird. Bei gleichbleibender Kraft ist das Arbeitsschaubild ein Rechteck (Bild 10).

In der Lokomotive wird die Arbeit aus der Wärme entwickelt. Umgekehrt aber ist auch immer wieder in der Technik die Umsetzung mechanischer Arbeit in Wärme zu erkennen. Ein mangelhaft geschmiertes Lager läuft warm; beim Bohren erwärmt sich der Spiralbohrer usw. Man kann aus Wärme Arbeit und umgekehrt aus Arbeit Wärme erzeugen. Das Maß für die Wärme ist die Wärmeeinheit oder Kilogrammkalorie (WE oder kcal). Nach den Erkenntnissen der Physik stehen Wärme und Arbeit in einem bestimmten Verhältnis zu einander. Eine WE ist der Arbeit von 427 mkg gleichzusetzen. Jeder WE, die in der Dampfmaschine in mechanische Arbeit umgesetzt wird, entsprechen 427 mkg.

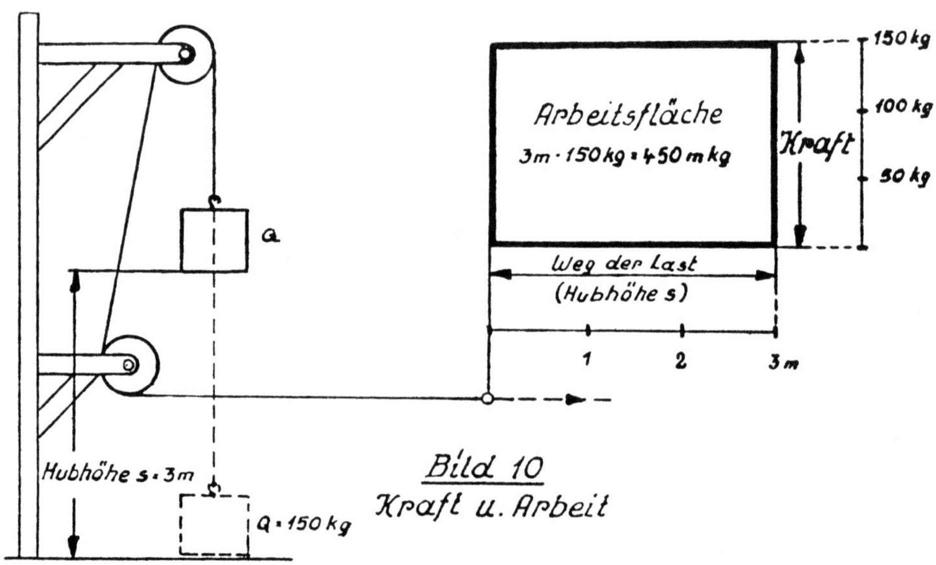

Bild 10
Kraft u. Arbeit

Unter Leistung versteht man die in der Zeiteinheit geleistete Arbeit. Sie errechnet sich, indem man die Arbeit durch die Zeit teilt.

Es ist:

$$\text{Leistung}\ \frac{\text{(mkg)}}{\text{(sec)}} = \frac{\text{Arbeit (mkg)}}{\text{Zeit (sec)}} = \frac{\text{Kraft (kg) mal Weg (m)}}{\text{Zeit (sec)}}$$

Für die Leistung gilt als Maßeinheit die Pferdestärke (PS) und das Kilowatt (KW). Eine Pferdestärke ist eine Arbeitsleistung von 75 mkg in einer Sekunde.

$$1 \text{ PS} = 75 \frac{\text{mkg}}{\text{sec}}$$

Werden die im vorstehenden Beispiel angenommenen 150 kg innerhalb von drei Sekunden um 3 m hoch gehoben, so errechnet sich die Leistung zu:

$$N = \frac{\text{Kraft mal Weg}}{\text{Zeit mal 75}} = \frac{150 \times 3}{3 \times 75} = \frac{450}{225} = 2 \text{ PS}$$

4. Die Dampfmaschine mit einstufiger Dampfdehnung

Die einfachste Dampfmaschine ist die mit Vollfüllung arbeitende Volldruckdampfmaschine. Sie erhält während des ganzen Kolbenlaufes Dampf in den Zylinder und ergibt eine ständig gleichbleibende Kolbenkraft. Bild 11 zeigt das Arbeitsschaubild einer solchen Maschine. Der Abdampf entweicht mit hohem Druck und entsprechend hohem Wärmeinhalt ins Freie. Wärmetechnisch arbeitet die Maschine, da die Dehnung des Dampfes nicht ausgenutzt wird, am unwirtschaftlichsten. Die älteren Luft- und Fahrpumpen werden durch Volldruckmaschinen angetrieben. Die einfache Bauweise: der Fortfall der Treibstange, der Kurbel, der Kurbelwelle, des Schwungrades usw. war hierfür maßgebend.

Wird die Dampfeinströmung in den Zylinder unterbrochen, bevor der Kolben den Totpunkt erreicht hat, so drückt der im Zylinder eingeschlossene Dampf den Kolben weiter. Der Dampf dehnt sich hierbei aus, wobei sein Druck und seine Temperatur zurückgeht. Der Teil des Kolbenweges, während dessen der Kolben durch den sich ausdehnenden Dampf bewegt wird, nennt man Dehnungs-(Expansions-) Periode. Die mit Ausnützung der Expansionskraft des Dampfes sich ergebenden Vorteile zeigt Bild 12. Es ergibt sich ein großer Arbeitsgewinn oder bei gleichbleibender Maschinenleistung eine erhebliche Dampfersparnis.

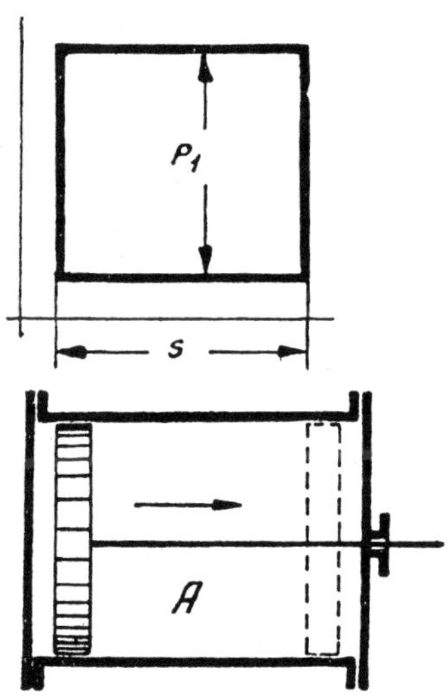

Bild 11. Arbeitsschaubild einer Volldruckmaschine

Der Zylinder B (Bild 12) hat denselben Durchmesser, aber die doppelte Länge wie der Zylinder A (Bild 11). Sperrt man die Dampfzylinder ab, nachdem beide Dampfkolben den gleichgroßen Weg s zurückgelegt haben, so kann der Dampf im Zylinder A keine weitere Arbeit mehr verrichten, weil der Kolben das Hubende erreicht hat. Der Kolben im Zylinder B wird durch den expandierenden Dampf unter weiterer Arbeitsleistung weitergetrieben. Aus Bild 12 ist ersichtlich, daß durch Ausnutzung der Expansionskraft des Dampfes der schraffierte Teil f der Arbeitsfläche ohne weiteren Wärmeaufwand, also praktisch kostenlos, gewonnen worden ist. Bei gleichem Dampfverbrauch ist die im Zylinder B geleistete Arbeit größer als die im Zylinder A. Eine solche Maschine, die mit Dehnung arbeitet, nennt man Expansionsmaschine.

Bei den mit Teilfüllung arbeitenden Expansionsmaschinen nennt man die Hubstrecke, während der Dampf in den Zylinder einströmt, die Füllung. Sie wird in Zehntel oder auch in Prozent des Kolbenhubes angegeben.

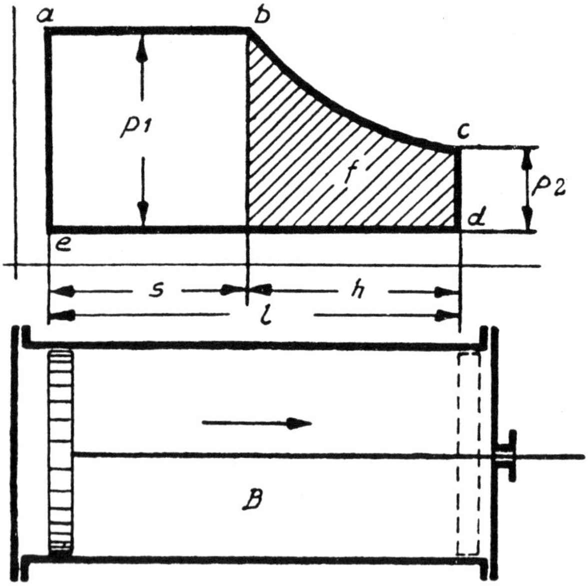

a, b, c, d, e, a.
Arbeitsfläche der
Expansionsmaschine

p[1] Eintrittsdampfspannung im Zylinder
p[2] Dampfspannung am Ende der Dehnung
s Kolbenhub während der Füllung
h Kolbenhub während der Dehnung

Bild 12. Arbeitsschaubild einer Expansionsdampfmaschine

Aus Bild 13 und 14 ist zu erkennen, in welcher Weise bei Expansionsmaschinen sich die Kolbenkraft mit Veränderung der Füllung ändert. Der Dampfdruck p im Zylinder wird durch die sogenannte Dampfdruckschaulinie dargestellt. Die Kolben-Kraft errechnet sich aus Dampfdruck mal Kolbenfläche. Somit ergibt die Dampfdruckschaulinie auch ein genaues Bild über den Verlauf der Kolbenkraft während des Hubes.

Wir denken uns die Arbeitsschaubildfläche (Bild 13) a—b—c—d—e—a in ein flächengleiches Rechteck verwandelt, dessen Seiten dem gleichen Hub und einem mittleren Dampfdruck pm entsprechen. Würde man demnach während des ganzen Kolbenhubes den mittleren Druck pm auf den Kolben einer Volldruckmaschine wirken lassen, so wäre die geleistete Arbeit ebenso groß wie die von dem Dampf mit der Eintrittsspannung p 1 bei Teilfüllung geleistete Arbeit.

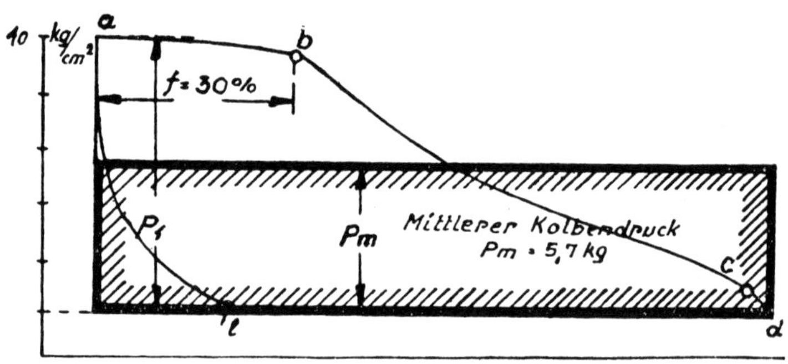

Bild 13. Arbeitsschaubild bei 30 % Zylinderfüllung

Vergrößert man die Zylinderfüllung (Bild 14), so wird dadurch die Arbeitsfläche a—b—c—d—e—a größer, und damit auch der mittlere Kolbendruck. Es ist also möglich, durch Veränderung der Füllung den mittleren Kolbendruck zu ändern und damit die Arbeitsleistung der Dampfmaschine den wechselnden Ansprüchen im Betriebe anzupassen. Mit größerer Füllung vergrößert sich die Maschinenleistung und umgekehrt geht sie zurück, wenn die Füllung verkleinert wird.

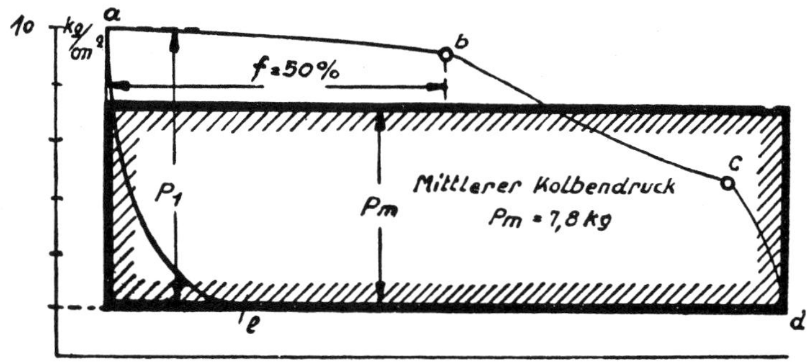

Bild 14. Arbeitsschaubild bei 50 % Zylinderfüllung

5. Arbeitsweise des Dampfes im Zylinder

Das wirkliche Dampfdruckschaubild für einstufige Dampfdehnung ist im Bild 15 dargestellt. Nehmen wir an, der Dampfkolben steht in der linken Totlage und der Dampfeinströmkanal ist bereits geöffnet. Der Arbeitshub der linken Zylinderseite beginnt mit der Einströmperiode, indem der Kolben durch den mit gleichbleibendem Druck einströmenden Dampf (waagerechte Linie im Schaubild) nach rechts gedrückt wird. Mit beendeter Dampfeinströmung oder Füllung beginnt die Dehnungs- oder Expansionsperiode. Hierbei fällt der Druck im Zylinder nach dem Schaubild in einer gekrümmten Linie ab. Bevor der Kolben den rechten Totpunkt erreicht, wird der Ausströmkanal bereits freigegeben. Es beginnt die Vorausströmung „VA". Dem Dampf wird der Austritt zum Blasrohr geöffnet. Man erreicht auf diese Weise, daß bei Hubende, wenn der Dampf von rechts auf den Kolben zu wirken beginnt, kein nennenswerter Gegendruck mehr im linken Zylinderraum vorhanden ist. Da der Dampf bei Beginn der Vorausströmung noch eine höhere Spannung hat, als während der nun folgenden Ausströmperiode, ist die Vorausströmung durch einen Dampfschlag mit dem Gehör deutlich wahrnehmbar. Zur Beurteilung gleichmäßiger Dampfverteilung durch die Steuerung, also gleichmäßiger Arbeitsweise der einzelnen Zylinderseiten, richtet man sich gerne nach der Stärke der einzelnen Dampfschläge. Alle Dampfschläge müssen gleich stark sein und durch gleiche Abstände getrennt aufeinander folgen. Die eigentliche Ausströmung beginnt mit dem Hubwechsel, nachdem der Kolben im rechten Totpunkt seine Bewegung umgekehrt hat. Der im Zylinder verbliebene abgespannte Dampf wird durch den Kolben ins Freie geschoben (durch den inzwischen auf der anderen Kolbenseite wirkenden höheren Dampfdruck); im Schaubild als waagerechte Linie dargestellt. Noch bevor der Kolben seinen Weg (Rückhub) völlig zurückgelegt hat, wird der Ausströmkanal geschlossen. Mit Abschluß der Ausströmung, noch ehe der Kolben in die linke Totpunktlage wieder zurückgekehrt ist, beginnt die Kompression oder Zusammendrückung „KO" des im Zylinder verbliebenen Dampfes durch den weiter vorrückenden Kolben. Der Druck und die Temperatur des Dampfes steigen wieder an. Die

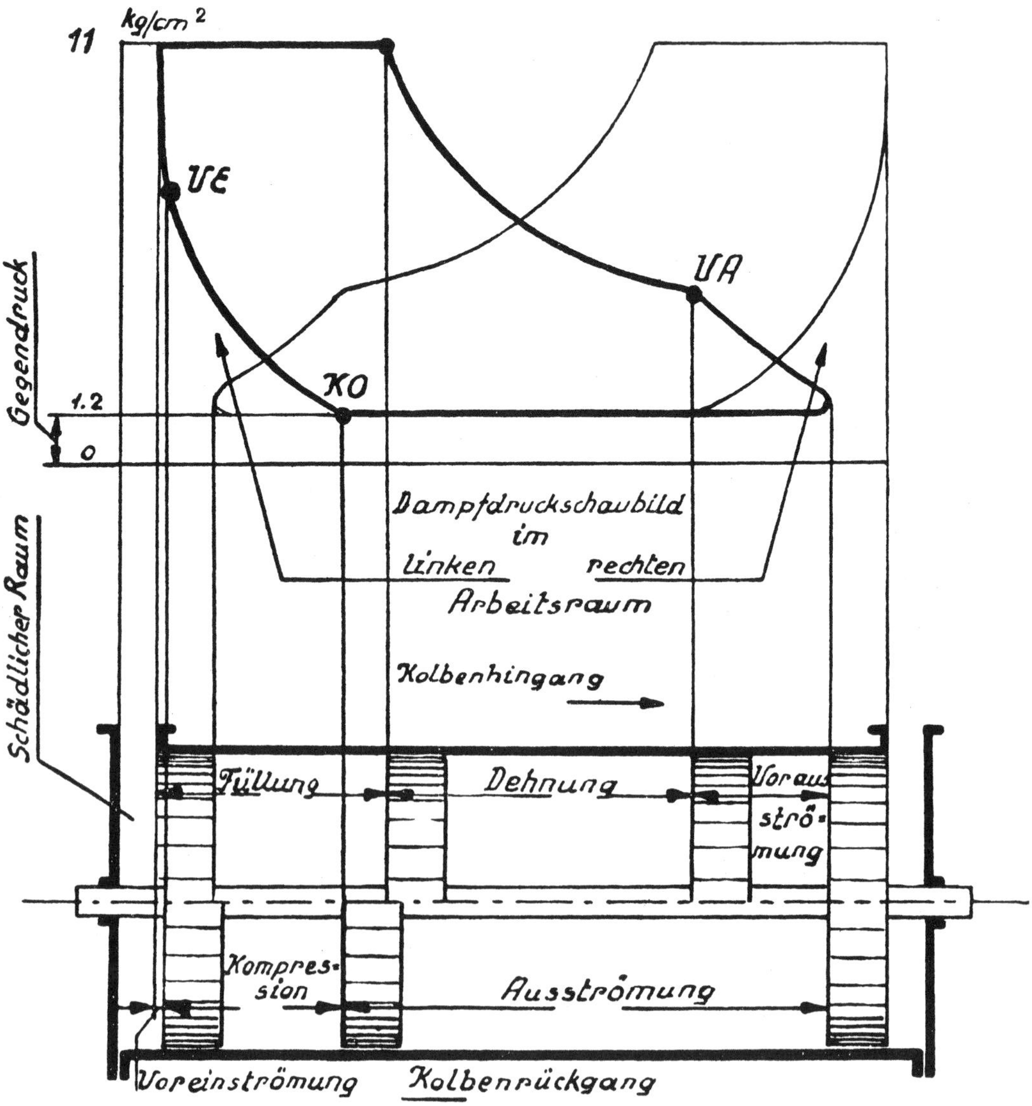

Bild 15. Das wirkliche Dampfdruckschaubild im Zylinder

Kompression bildet zwischen Kolben und Zylinderdeckel ein Dampfpolster, das die Massen des Kolbens, der Kolbenstange und der Treibstange vor dem Hubwechsel am Totpunkt auffängt und einen stoßfreien Gang des Triebwerkes ermöglicht. Die durch die Kompression auf den Kolben wirkende Gegenkraft bedeutet praktisch einen Verlust an Arbeit. Der Arbeitsverlust wird aber wegen der erwähnten Vorteile in Kauf genommen. Damit auch bei größeren Fahrgeschwindigkeiten schon bei Hubwechsel der volle Dampfdruck wieder auf den Kolben wirken kann, wird der Einströmkanal schon etwas vor Hubwechsel geöffnet. Der Dampf erhält Voreinströmung „VE".

Da die Lokomotivdampfmaschine doppelt wirkend arbeitet, haben wir die geschilderte Dampfwirkung im Zylinder auf beiden Kolbenseiten wechselweise, jedoch so, daß, wenn auf der einen Kolbenseite die Einströmung und Arbeitsleistung erfolgt, auf der anderen Seite die Ausströmung und Kompression stattfindet.

Die Arbeitsweise des Dampfes vor und hinter dem Kolben regelt der Dampfschieber. Der Bauart der Dampfschieber, die später noch beschrieben wird, ist das im Bild 15 dargestellte Dampfdruckschaubild oder Dampfdiagramm zugrunde gelegt.

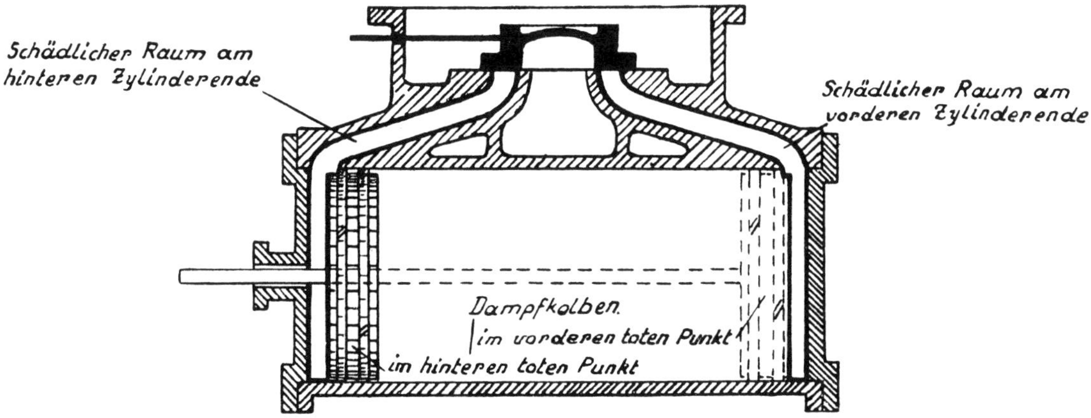

Bild 16. Schädlicher Raum im Dampfzylinder

Wir sehen aus Bild 16, daß in den Totlagen zwischen Zylinderdeckel und Kolben noch Raum verbleibt. Dieser Raum ist für den Eintritt des Dampfes notwendig. Auch muß ein gewisses Spiel hier verbleiben, weil durch Nachstellen am Triebwerk der Kolben seine Lage etwas verändern kann. Die Räume zwischen dem Zylinderdeckel und dem Kolben in den Totlagen sowie die Dampfein- und Ausströmkanäle zwischen Zylinder und Schieberkasten werden als schädlicher Raum bezeichnet, da sie sich auf den Dampfverbrauch schädlich auswirken. Der Raum wird jedesmal bei der Dampfeinströmung mit aufgefüllt, leistet aber keinen Beitrag zur Volldruckarbeit. Sein Dampfinhalt wirkt nur bei der Dehnung mit.

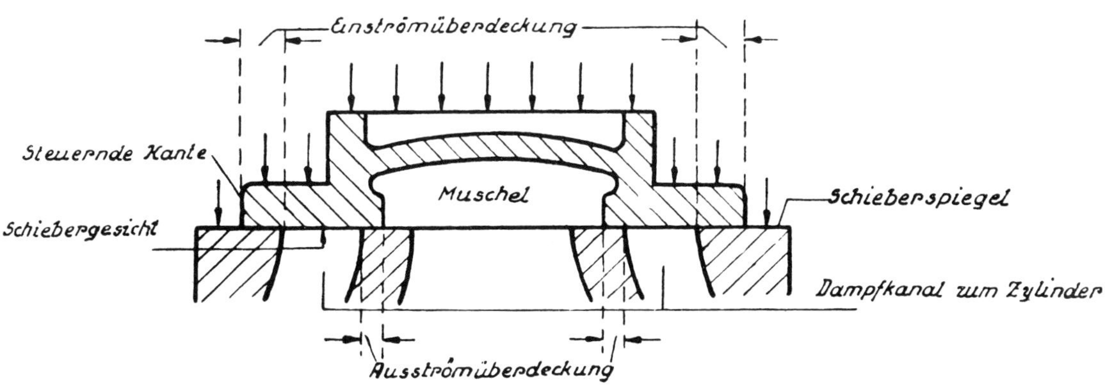

Bild 17. Flachschieber in der Mittelstellung

6. Wichtige Begriffe und Einzelteile der Steuerung

Für die Erklärung der Zusammenhänge zwischen Dampfkolben und Dampfschieber sollen zunächst einige wichtige Begriffe über den zur Steuerung des Dampfein- und -Auslasses erforderlichen Dampfschieber und über die Versetzung der Schieberkurbel (Hubscheibe, Exenter) zur eigentlichen Maschinenkurbel erläutert werden.

Jeder Flach- oder Muschelschieber besitzt beiderseits der Muschel- oder Schieberhöhlung in symetrischer Anordnung je einen Schieberlappen. Jeder dieser Schieberlappen ragt bei Mittelstellung des Schiebers über die Einlaßkante und Auslaßkante der vom Schieberkasten zum Zylinder führenden Dampfkanäle hinaus. Die überragenden Schieberlappenteile sind die Einströmüberdeckung und Ausströmüberdeckung (Bild 17).

Bewegt sich der Schieber auf dem Schieberspiegel oder Schieberrost aus der Mittellage nach rechts oder links, so beginnt in dem Moment, wo die steuernde Kante die äußere Kante des Dampfkanals überschleift, der auf dem Schieber lastende Dampf in den betreffenden Zylinderraum einzuströmen. Der andere Dampfkanal wurde inzwischen schon, nachdem der Schieber den Weg der Ausströmüberdeckung zurückgelegt hatte, mit der Ausströmleitung verbunden.

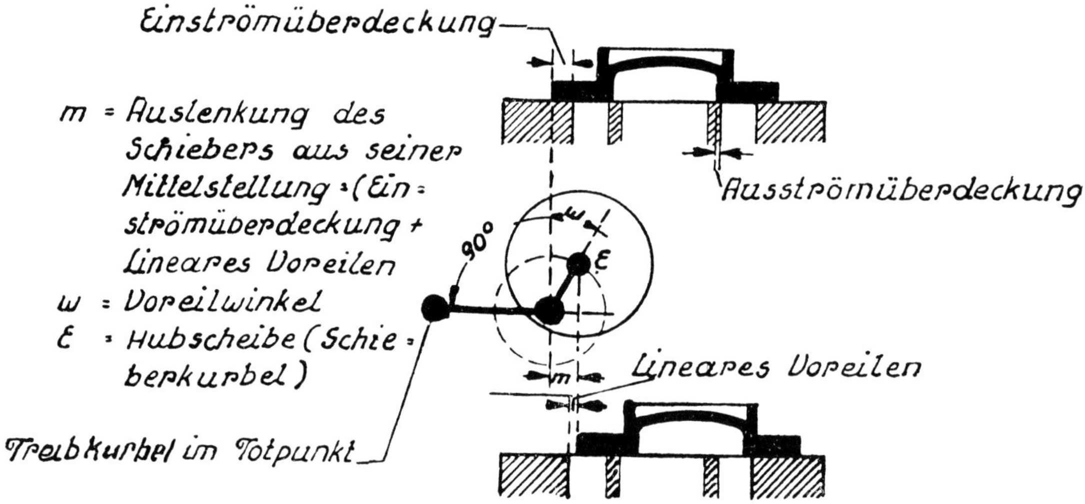

Bild 18. Lineares Voreilen und Voreilwinkel

Wie schon erwähnt, erhält der Dampf Voreinströmung, damit schon bei Hubwechsel der volle Dampfdruck wieder auf den Kolben wirkt. Der Schieber muß deshalb, wenn der Kolben in einer der Totpunktlagen steht, um die Einströmüberdeckung und um den Betrag, um den der Kanal bereits geöffnet sein soll, aus der Mittellage gewichen sein. Der Betrag in mm gemessen, um den der Schieber bei der Kolbentotlage den Dampfkanalquerschnitt auf der Einströmseite überschliffen hat, heißt lineares Voreilen oder Voröffnung (Bild 18).

Die zur Steuerung des Dampfes erforderlichen Bewegungen des Schiebers bewirkt eine besondere Schieberkurbel; auch Hubscheibe, Exenter oder Gegenkurbel genannt. Die Schieberkurbel muß, um das lineare Voreilen zu erreichen, um mehr als 90° gegen die Treibkurbel versetzt sein. Der Winkel, um den die Schieberkurbel mehr als 90° gegenüber der Treibkurbel voreilen muß, heißt Voreilwinkel (Bild 18).

Der Dampfschieber muß zwecks gleichmäßiger Dampfverteilung auf beiden Seiten des Kolbens von seiner Mittelstellung aus nach jeder Seite gleich große Ausschläge machen.

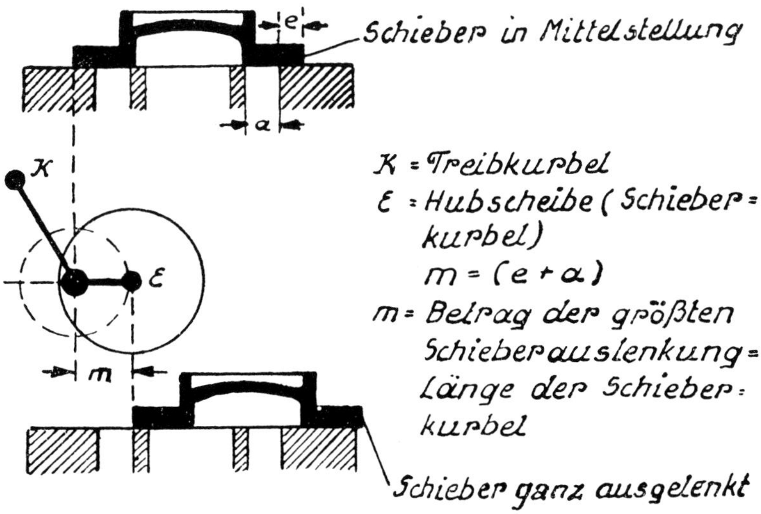

Bild 19. Länge der Schieberkurbel

Die Länge der Schieberkurbel ergibt sich nach folgender Überlegung: Um den Dampfkanal durch den Schieber ganz zu öffnen, muß letzterer um die Einströmüberdeckung und die Breite des Dampfkanals aus der Mittellage verschoben werden. Entsprechend lang muß die Schieberkurbel sein (Bild 19). Der gesamte Schieberausschlag errechnet sich hiernach als der zweifache Betrag von Einströmüberdeckung und Dampfkanalbreite = 2. (e + a).

7. Zusammenarbeit von Kolben und Schieber

Um den Zweck des Voreilwinkels und der Ein- und Ausströmüberdeckung zu erläutern, wird zunächst eine Steuerung mit deckungslosem Schieber und rechtwinklig zur Treibkurbel stehender Schieberkurbel betrachtet (Bild 20 a—m). Zur Steuerung des Dampfes auf die der jeweiligen Drehrichtung entsprechende richtige Kolbenseite muß die Treib- und Schieberkurbel sich in gleichem Drehsinn bewegen und die Schieberkurbel der Treibkurbel (bei Flachschiebern) im Drehrichtungssinn vorauseilen.

Im Bild 20 a ist die Treibkurbel im hinteren Totpunkt und die Schieberkurbel auf dem höchsten Hub dargestellt. Der Schieber steht in Mittelstellung und schließt beide Dampfkanäle zum Zylinder ab. Da die Breite der beiden Schieberlappen sich genau mit der der Dampfkanäle deckt, genügt schon die geringste Bewegung des Schiebers aus seiner Mittelstellung, um einen Dampfkanal für die Einströmung zu öffnen und den anderen mittels der Schiebermuschel mit dem Ausgang ins Freie zu verbinden. Die Kanalöffnungen sind am größten, wenn die Treibkurbel senkrecht nach oben (Bild 20 b) oder senkrecht nach unten (Bild 20 c) steht.

Eine solche Dampfmaschine zu bauen, wäre, wie wir gleich sehen werden, unvorteilhaft. Bei der in Bild 20 a—c dargestellten Steuerung ist der Dampfeinströmkanal geschlossen, wenn der Kolben in den Totpunktlagen steht. Es ist also nicht möglich, daß bei Hubwechsel gleich der volle Dampfdruck auf den Kolben wirkt. Es fehlen die mit der Voreinströmung des Dampfes schon geschilderten Vorteile. Ferner strömt bei dieser Steuerungsart der Dampf während des ganzen Kolbenweges ein, weil der Schieber erst wieder abschließt, nachdem der Kolben den ganzen Hub durchlaufen hat. Es handelt sich demnach hierbei um eine Volldruckmaschine mit ihrem hohen Dampfverbrauch, da die Dehnungsfähigkeit des Dampfes nicht ausgenutzt werden kann. Außerdem wäre ein solcher Schieber, dessen Lappen in Mittelstellung die Dampfkanäle nicht nach beiden Seiten überdecken, praktisch nicht dampfdicht zu halten.

Es ist also zunächst die Bedingung, daß sofort nach Hubwechsel auch bei hohen Fahrgeschwindigkeiten wieder der volle Dampfdruck auf den Kolben wirkt, zu erfüllen. Die Schieberkurbel wird zu diesem Zweck um den Voreilwinkel W gegenüber ihrer bisherigen Stellung verdreht (Bild 20 d). Der in seinen Abmessungen unverändert gebliebene Schieber öffnet dadurch den Dampfkanal schon, wenn der Kolben im Totpunkt steht, um das lineare Voreilen v. Der Übelstand, daß der Kolben in seinen Totpunktstellungen auf einströmenden Dampf gewissermaßen warten muß, ist mit der Voreilung beseitigt. Der schädliche Raum (Bild 16) wird schon, bevor der Kolben den Totpunkt erreicht, mit Dampf gefüllt. Der zur Auffüllung des schädlichen Raumes erforderliche Dampf leistet zwar keine Volldruckarbeit, er wird aber bei der Dehnung mit ausgenutzt.

Die bisher betrachtete Schiebersteuerung schließt erst kurz vor der Kolbentotpunktlage die Dampfeinströmung ab (Bild 20 e) und gibt sofort anschließend die Ausströmung frei. Die in wärmetechnischer Hinsicht so wertvolle Dampfdehnung kann mit einer solchen Steuerung noch nicht ausgenutzt werden. Um eine nennenswerte Dehnungsarbeit zu erhalten, vergrößern wir beide Schieberlappen durch die sogenannte äußere Überdeckung oder Einströmüberdeckung (Bild 20 f). Der gesamte Schieberausschlag muß nun so groß sein wie die doppelte Dampfkanalbreite und die doppelte Einströmüberdeckung zusammen. Die Länge der Schieberkurbel ist demnach die Hälfte davon.

Der rücklaufende Schieber schließt die Verbindung zwischen Schieberkasten und Zylinder ab, wenn die steuernde Kante der Einströmüberdeckung die äußere Kanalkante trifft; also früher, als ein überdeckungsloser Schieber.

Die Dampfausströmung beginnt erst, wenn der Schieber die äußere Kanalkante um den Betrag der Einströmüberdeckung überschliffen hat. Während dieses Wegabschnittes dehnt sich der im Zylinder eingeschlossene Dampf aus und schiebt den Kolben bei abnehmendem Druck weiter. Dieser Abschnitt des Kolbenweges wird mit Dehnungs- oder Expansionsperiode bezeichnet. Wie wir sehen, ist man bei unverändertem Voreilwinkel und gleichbleibender Länge der Schieberkurbel in der Lage, durch Veränderung der Einströmüberdeckung die Beendigung der Dampfeinströmung (die Füllung) und den Beginn der Dehnung zu bestimmen.

Der Dampf entweicht aus dem Zylinder, d. h. die Dehnung ist beendet, wenn der Schieber in die Mittelstellung zurückgekehrt ist (Bild 20 h). Die Expansionskraft des Dampfes ist aber nicht weit genug ausgenutzt. Wir geben deshalb dem Schieber

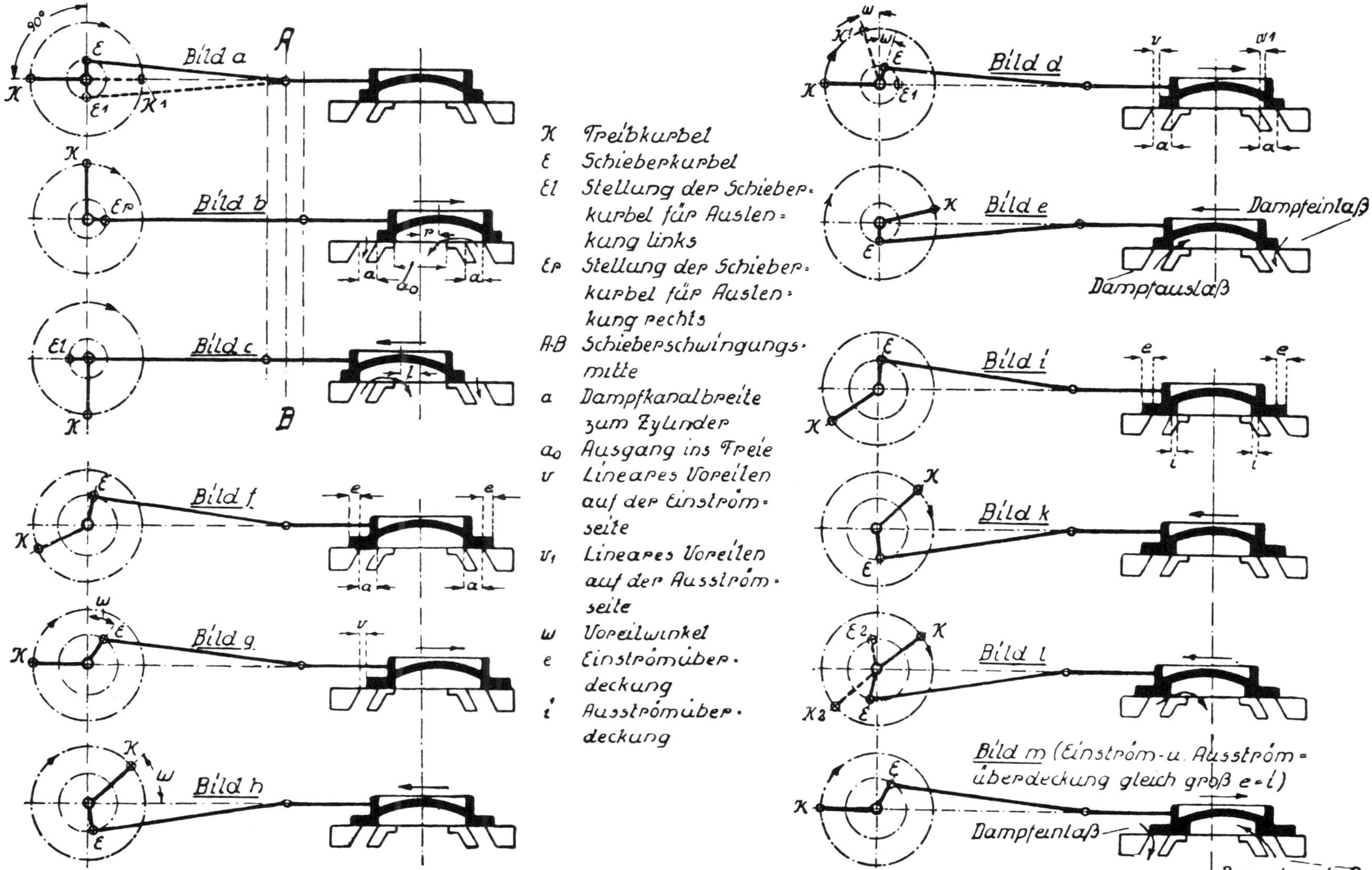

Bild 20 a-m Zusammenarbeit von Dampfkolben und Schieber

noch Ausströmüberdeckung (Bild 20 i, k, l). Bild 20 l zeigt, der Schieber gibt den Kanal nach der Ausströmung hin erst frei, nachdem er seine Mittelstellung um die Ausströmüberdeckung überschritten hat. Bei unverändertem Voreilwinkel und gleichbleibender Länge der Schieberkurbel kann die Dauer der Dehnung bzw. der Beginn der Vorausströmung durch die Ausströmüberdeckung festgelegt werden.

Wenn Ein- und Ausströmüberdeckung, wie in Bild 20 m, gleich groß wären, so würde der Dampfein- und -Auslaß auf beiden Zylinderseiten gleichzeitig beginnen. Der Kolben soll aber bei Beginn der Einströmung auf der Nichteinströmseite schon entlastet sein. Damit das Ausströmen schon etwas vor dem Einströmen beginnt, wird die Ausströmüberdeckung stets kleiner als die Einströmüberdeckung bemessen.

Es ist aus wärmetechnischen Gründen, und damit das Triebwerk ruhig arbeitet, zweckmäßig, nicht während des ganzen Kolbenhubes den Dampf ausströmen zu lassen. Der beim Hubwechsel mit Beginn der Voreinströmung hinzutretende frische Dampf besitzt hohe Spannung und Temperatur. Beim Hubwechsel dürfen keine

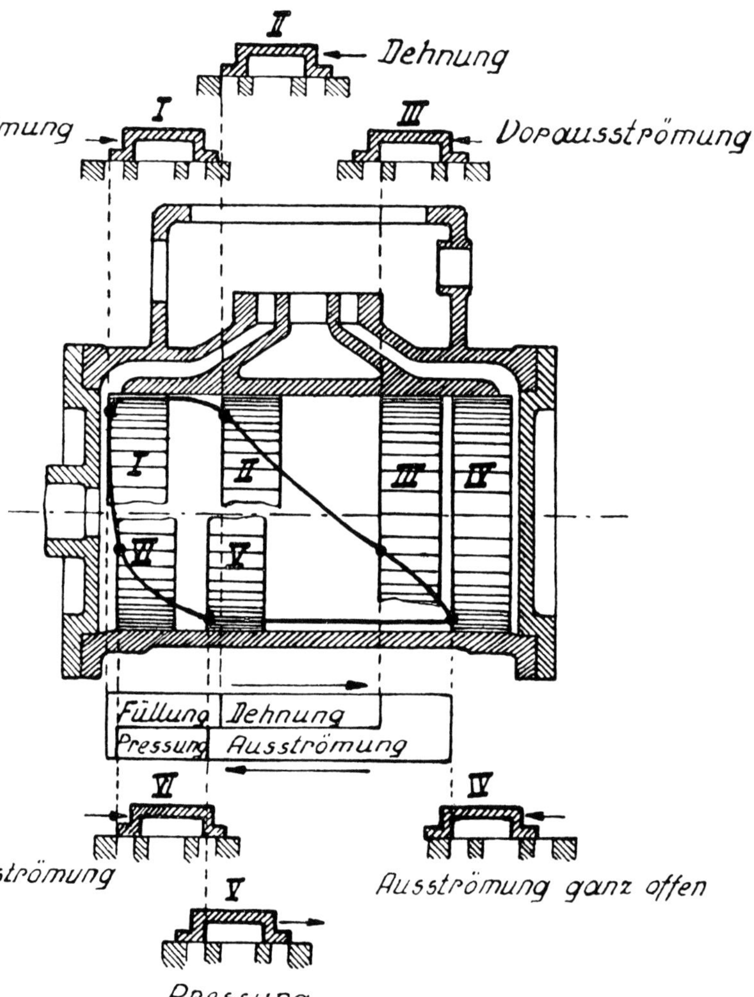

Bild 21. Dampfdruckschaubild und zugehörige Kolben- und Schieberstellungen

größeren Druckunterschiede zwischen dem einströmenden frischen Dampf und dem Zylinderinhalt auftreten, um die sich sonst hierbei ergebenden Wärme- und damit Druck- und Arbeitsverluste zu ersparen, und um Stöße im Triebwerk zu vermeiden. Wie wir in Bild 20 l verfolgen können, wird der erstrebte Zweck durch die Ausströmüberdeckung erreicht. Der Dampfaustritt wird, schon bevor der Kolben seinen ganzen Hubweg zurückgelegt hat, abgeschlossen. Bei der Kurbel- und Schieberstellung K und E ist die Dehnung beendet. Es folgt die Vorausströmung. Die Verbindung zur Ausströmung bleibt solange offen, bis der Schieber auf dem Rückwege die gleiche Stellung erreicht (Kurbelstellung K 2 und Schieberstellung E 2). Während der Kolben den letzten Rest des Hubes zurücklegt, wird der im Zylinder und im schädlichen Raum verbliebene Dampf zusammengepreßt. Er wirkt so als Dampfkissen und unterstützt die Voreinströmung durch allmählichen Übergang von der Ausström- auf die Einströmdampfspannung.

Im Bild 21 ist die Arbeitsweise des Dampfes im Zylinder an Hand eines Dampfdruckschaubildes mit den dazugehörigen Kolben- und Schieberstellungen dargestellt. Eine Änderung der Dampfverteilung im Zylinder ist, wie aus nachstehender Zusammenstellung ersichtlich, auf verschiedene Weise zu erreichen.

Einfluß der Änderung einzelner Steuerungsabmessungen

	Vorgenommene Änderung an den Abmessungen der Steuerung	Einfluß der vorgenommenen Änderung auf die Dampfverteilung bezüglich der					Folgerung
			Einströmung oder Füllung	Dennung od. Expansion	Ausströmung	Pressung od. Kompression	
Innere Steuerung	Einströmüberdeckung vergrößern	Beginn	später	früher	ungeändert	ungeändert	Mit der Größe der Einströmüberdeckung wird der Beginn der Dehnung festgelegt.
		Dauer	kürzer	länger	ungeändert	länger	
	Ausströmüberdeckung vergrößern	Beginn	ungeändert	ungeändert	später	früher	Mit der Größe der Ausströmüberdeckung wird die Dehnungsdauer und der Beginn der Pressung festgelegt.
		Dauer	ungeändert	länger	kürzer	länger	
Äußere Steuerung	Schieberkurbel (Schieberweg) verlängern	Beginn	früher	später	früher	später	Durch Verlängerung der Schieberkurbel bzw. Vergrößerung des Schieberweges wird die Füllung vergrößert.
		Dauer	länger	kürzer	länger	kürzer	
	Voreilwinkel vergrößern	Beginn	früher	früher	früher	früher	Eine Veränderung des Voreilwinkels ergibt nur eine zeitliche Verschiebung der vier Dampfverteilungsabschnitte; ihre Dauer ändert sich hierbei nicht.
		Dauer	ungeändert	ungeändert	ungeändert	ungeändert	

Durch Vergrößerung der Einströmung oder Füllung kann die Arbeitsleistung der Dampfmaschine der wechselnden Beanspruchung im Betrieb angepaßt werden. Wie auch aus vorstehender Zusammenstellung hervorgeht, kann die Füllung durch Veränderung der Einströmüberdeckung oder durch Veränderung der Länge der Schieberkurbel bzw. des Schieberweges geändert werden. An einer ausgeführten Steuerung läßt sich aber während des Betriebes an der inneren Steuerung, also auch an der Einströmüberdeckung, nichts verändern. Man ist deshalb, um die Lokomotivleistung der veränderlichen Beanspruchung im Betriebe anzupassen, gezwungen, den Schieberweg zu verändern. In welcher Weise man diese Möglichkeit bei den Lokomotivsteuerungen anwendet, wird später erörtert.

8. Die Kolbenschiebersteuerung

Die bisher betrachteten Zusammenhänge zwischen Dampfkolben, Treibkurbel, Gegenkurbel und Schieber gelten grundsätzlich nur für Dampfmaschinen mit Flachschiebern. Bei den mit zunehmender Maschinenleistung erforderlich gewordenen höheren Dampfdrücken und den mit Einführung des Heißdampfes zu berücksichtigenden höheren Dampftemperaturen erwies sich der Flachschieber nicht mehr als geeignet. Wegen des von oben auf dem Flachschieber lastenden Dampfdruckes ergeben sich größere Reibungswiderstände, wodurch zum Antrieb der Schieber größere Kräfte notwendig werden. Infolge der hohen Dampftemperaturen des Heißdampfes verzieht sich das dampfdicht aufgeschabte Schiebergesicht des Flachschiebers sehr leicht. Die einzelnen Dampfkanäle sind dann nicht mehr ausreichend gegeneinander abgedichtet. Größere Abnutzung und, bei mangelnder Schmierung, Fressungen sind die weiteren Folgen.

Mit Einführung des Kolbenschiebers (Bild 22) wurden diese Schwierigkeiten behoben. Die für den Flachschieber festgelegten Begriffe Schieberspiegel, Einströmüberdeckung und Ausströmüberdeckung sind auch beim Kolbenschieber, natürlich der veränderten Bauart angepaßt, grundleglich gemacht. Die geschliffenen Innenwandungen der Schieberbüchsen bilden den Schieberspiegel, der sich hier in seiner zylindrischen Form dem völlig entlasteten Kolbenschieber anpaßt. Die steuernden Kanten des Kolbenschiebers werden von den Kolbenschieberringen, die durch eigene Spannung mit ihrem Umfang an der Schieberbuchsenlauffläche anliegen, gegen Dampf abgedichtet. Die Schieberringe bestehen aus weichem hochwertigem Gußeisen.

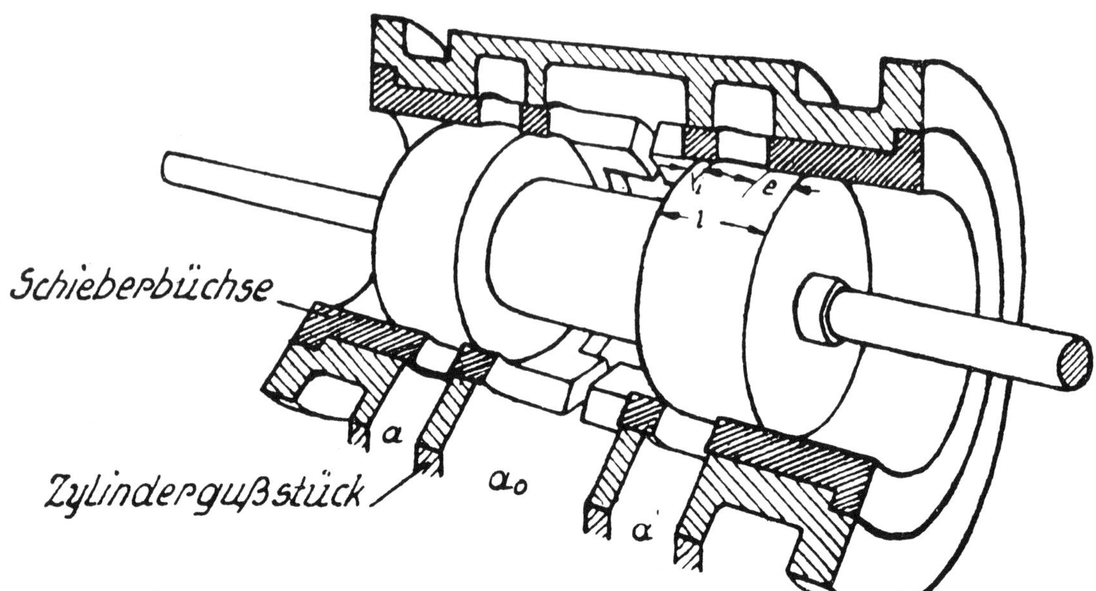

Bild 22. Kolbenschieber

Würde beim Entwurf der Kolbenschiebersteuerung, wie anfangs auch geschehen, der bisherige Flachschieber, unter Beibehaltung der sonst üblichen Bauweise, nur durch einen normalen Kolbenschieber ersetzt, dann würde der frische Dampf die Schieberstangenstopfbüchsen dauernd mit seinem vollen Druck und seiner hohen Temperatur belasten. Um die dabei im Betrieb sich ergebenden Schwierigkeiten zu ersparen, hat man die bei Flachschiebern zwangsweise übliche äußere Einströmung aufgegeben und durch die innere Einströmung ersetzt. Hierbei wird der vom Kessel zuströmende Frischdampf zwischen die den Schieberlappen entsprechenden Kolbenkörper, was der Muschel des Flachschiebers entspricht, eingeleitet. Nachdem der Dampf im Zylinder Arbeit geleistet hat und entspannt ist, wird er durch den

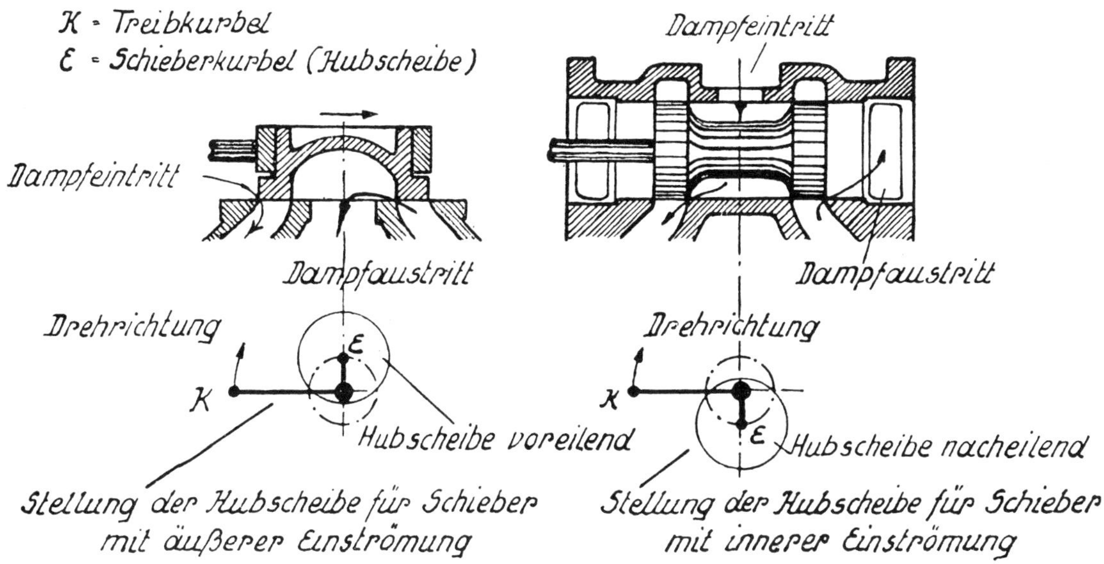

Bild 23. Stellung der Hubscheibe (Schieberkurbel) für eine bestimmte Drehrichtung

vorderen bzw. hinteren Ausströmkasten usw. ins Freie geleitet. Die Tragebüchsen der Schieberstange werden somit nur dem entspannten Auspuffdampf mit seiner geringeren Temperatur ausgesetzt. Undichtigkeiten lassen sich wegen des nur geringen Überdruckes leichter vermeiden; sie sind, da es sich nur um Abdampf handelt, wärmetechnisch weniger von Bedeutung.

Aus Bild 23 ist zu sehen, in welcher Weise die Hubscheibe (Exzenter oder Gegenkurbel) bei innerer Einströmung gegenüber ihrer Stellung bei äußerer Einströmung zu versetzen ist. Bei Schiebern mit äußerer Einströmung eilt der Exzenter der Treibkurbel im Sinne der Drehrichtung voraus, während bei Schiebern mit innerer Einströmung der Exzenter im Drehrichtungssinn der Treibkurbel nacheilt.

Die Notwendigkeit des Anbaues von Druckausgleichern mit Einführung der Kolbenschieber, um einen einwandfreien Leerlauf der Lokomotive zu ermöglichen, wird in einem der späteren Abschnitte eingehend behandelt.

9. Umsteuerungsvorrichtungen

Wie schon angeführt, muß jede Lokomotive bzw. ihre Dampfmaschine von Vorwärtsfahrt auf Rückwärtsfahrt umsteuerbar sein. Die bis jetzt behandelte Steuerung entspricht noch nicht dieser Bedingung. Hinzu kommt, daß die Lokomotivleistung den veränderlichen Beanspruchungen im Betrieb anzupassen ist.

Die Fahrtrichtung wird gewechselt, indem man die Bewegungsrichtung des Schiebers umkehrt, um somit den Dampf, dem umgekehrten Drehsinn entsprechend, auf die andere Kolbenseite zu leiten. Die Lokomotivleistung wird durch Veränderung des Schieberweges, also durch Veränderung der Füllung, den jeweiligen Erfordernissen angepaßt.

Die Änderung der Fahrtrichtung erreicht man am einfachsten, indem man für Vorwärtsfahrt und Rückwärtsfahrt je eine besondere Schieberkurbel vorsieht. Der Halbmesser und der Voreilwinkel beider Exzenter ist gleich groß zu wählen. Jedoch eilt der Vorwärtsexzenter im Sinne der Vorwärtsbewegung und der Rückwärtsexzenter im Sinne der Rückwärtsbewegung der Treibkurbel voraus. Je nach der gewünschten Bewegungsrichtung der Lokomotive ist dann der Schieber mit der Vorwärts- oder Rückwärtshubscheibe in Verbindung zu bringen, um den Dampf auf die dem Drehsinn entsprechende Kolbenseite zu leiten.

Bild 24 und 25 zeigt die Stephensonsteuerung. Um die Verbindung des Schiebers je nach Bedarf mit einer der beiden Hubscheiben herzustellen, sind die Schwingenstangen mit den Endpunkten der Schwinge oder Kulisse und diese wieder durch den Schwingenstein unmittelbar mit der Schieberstange in Verbindung gebracht.

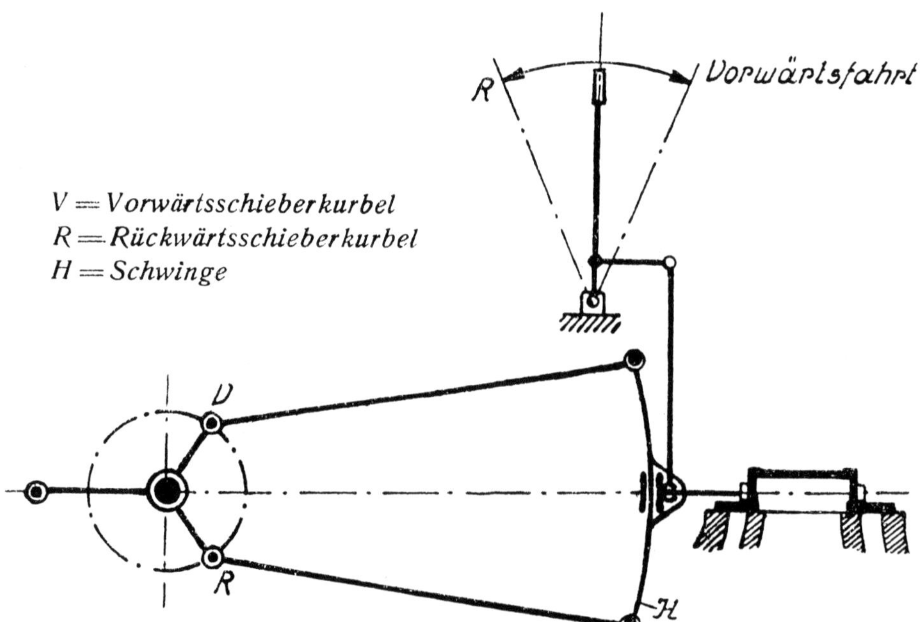

Bild 24. Stephenson-Steuerung mit offenen Stangen

Die Schieberstange kann wahlweise vom Vorwärts- oder Rückwärtsexzenter angetrieben werden, je nachdem der Schwingenstein mit dem einen oder anderen Ende der Schwinge in Verbindung gebracht wird. Bei Stellung der Schwinge in der höchsten bzw. tiefsten Lage sind die Schieberwege am größten und bewegt sich die Lokomotive mit der größten Füllung vorwärts bzw. rückwärts. Mit Verlegen des Schwingensteins auf die Zwischenlagen (durch Heben oder Senken der Schwinge) verkleinern sich die Schieberwege und somit die Füllungen und damit die Zugkraft der Lokomotive. In der Mittellage macht der Schieber seinen kleinsten Weg, der nur von der Größe des Voreilwinkels abhängig ist.

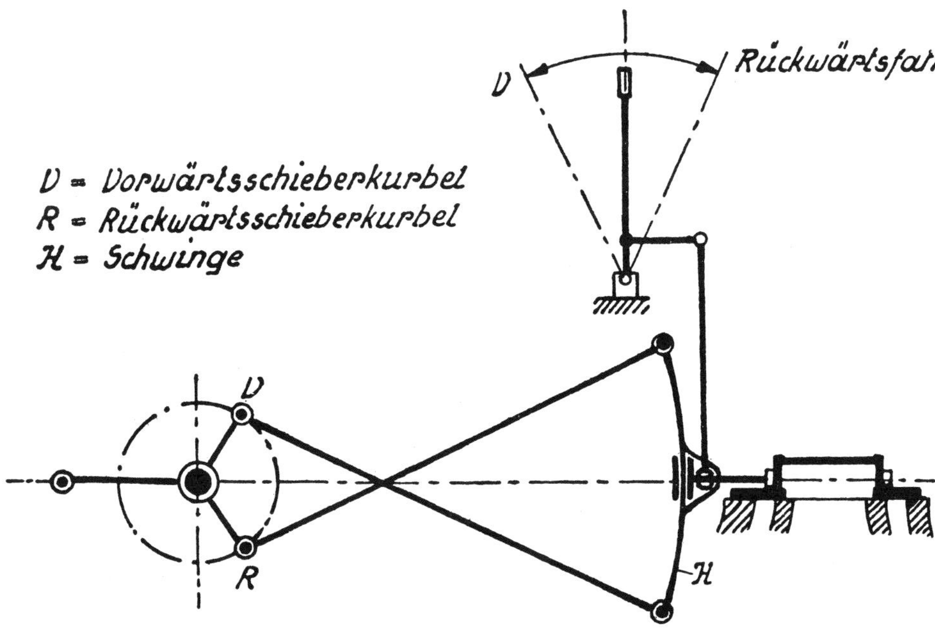

Bild 25. Stephenson-Steuerung mit gekreuzten Stangen

Die Stephensonsteuerung kann mit offenen und gekreuzten Schwingenstangen ausgeführt werden. Maßgebend ist hierfür die Lage der Schwingenstangen (gekreuzt oder offen) bei der Stellung der Treibkurbel im hinteren Totpunkt.

Bei Steuerungen mit offenen Schwingenstangen (Bild 26) vergrößert sich das lineare Voreilen, die Kompression und die Vorausströmung mit abnehmender Füllung. Umgekehrt verkleinert sich bei gekreuzten Schwingenstangen (Bild 27) das lineare Voreilen mit abnehmender Füllung. Die einfache Merkregel „Verlegen der Steuerstange nach vorn hat Vorwärtsgang, nach hinten Rückwärtsgang der Lokomotive zur Folge" gilt nicht bei gekreuzten Schwingenstangen. Die verschiedenartige Anordnung der Schwingenstangen hat zur Folge, daß bei offenen Stangen die Schwinge für Vorwärtsfahrt gesenkt und bei gekreuzten Stangen gehoben werden muß.

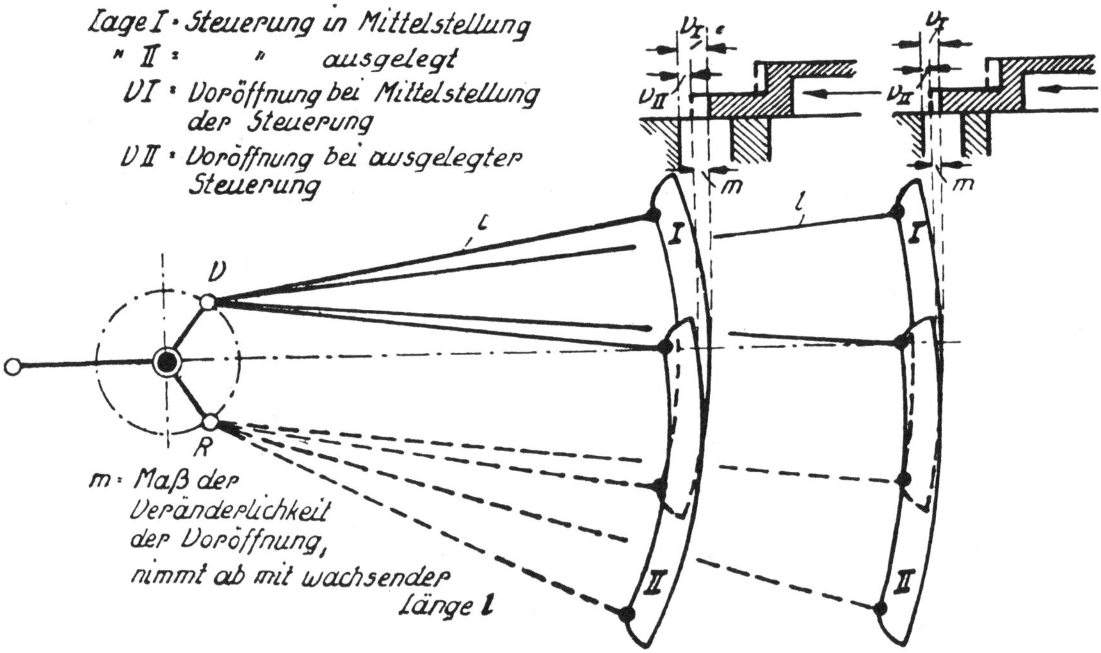

Bild 26. Veränderlichkeit der Voröffnung bei offenen Stangen

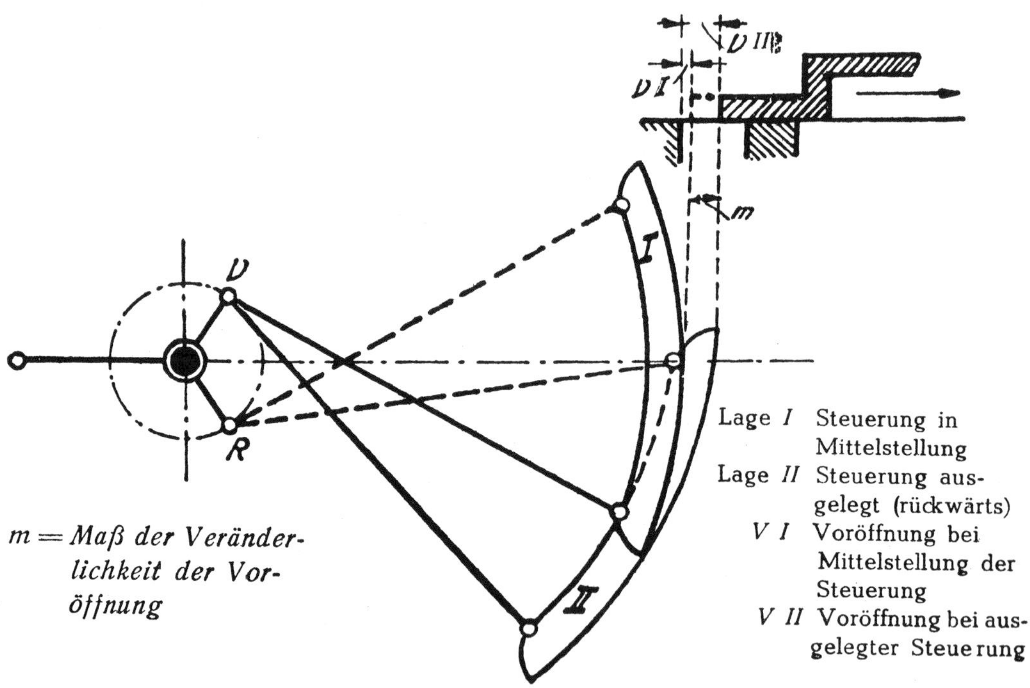

Bild 27. Veränderlichkeit der Voröffnung bei gekreuzten Stangen

Die Reichsbahnlokomotiven haben heute fast ausnahmslos nur noch die sogenannte Heusinger-von-Waldegg-Steuerung — auch kurz nur Heusinger-Steuerung genannt — Die Heusinger-Steuerung hat bei allen Füllungen gleichbleibendes lineares Voreilen. Sie besitzt nur eine Schieberkurbel. Die zweite Schieberkurbel ist hier nicht erforderlich, weil die Schwinge als zweiarmiger Hebel ausgebildet ist. Hierdurch wird die Lokomotive durch Verlegen des Schwingensteins aus der einen Hälfte der Schwinge in die andere Hälfte derselben von Vorwärtsfahrt auf Rückwärtsfahrt umgesteuert. Die Schwinge ist nach einem Radius, dessen Länge der der Schieberschubstange entspricht, gekrümmt. Es ist, da für beide Fahrtrichtungen nur eine Schieberkurbel vorhanden ist, konstruktiv nicht möglich, einen entsprechenden Voreilwinkel zu geben. Die Voreilung wird deshalb bei der Heusinger-Steuerung durch einen besonderen zwischen der Schieberschubstange und dem Schieber eingebauten Hebel (Voreilhebel) bewirkt (Bild 28). Der Voreilhebel ersetzt den Voreilwinkel. Der Schwingenstein nimmt durch Verlegen an die Enden der Schwinge am größten Ausschlag derselben teil; der Schieber macht hierbei entsprechend seinen größten Weg. Durch Verlegen des Schwingensteins aus den Endlagen über die verschiedenen Zwischenstellungen bis zum Drehpunkt der Schwinge kann die Füllung bis auf Null verkleinert werden. Der Voreilhebel ersetzt den Voreilwinkel; er bewirkt im Verhältnis der Hebellängen m und n eine zusätzliche Bewegung des Schiebers in den Kreuzkopftotlagen. Durch diese vom Voreilhebel hervorgebrachte Bewegung wird der Schieber um die Einströmüberdeckung und das lineare Voreilen hin- und hergeschoben (Bild 29).

Bei Schiebern mit innerer Einströmung (Kolbenschiebern) eilt an der Heusinger-Steuerung die Schieberkurbel der Treibkurbel im Drehrichtungssinn der Treibachse nach, um den Dampf auf die dem jeweiligen Drehsinn richtige Kolbenseite zu leiten. Bei äußerer Einströmung (Flachschiebern) eilt die Schieberkurbel der Treibkurbel im Drehrichtungssinn voraus. Der Aufwerfhebel muß hierbei gegenüber der Schieberschubstange nach Bild 30 oder 32 angeordnet sein. Bei Anordnung des Aufwerfhebels nach Bild 31 ist die Schieberkurbel gegenüber der Treibkurbel umgekehrt wie vorher gesagt anzuordnen. Die zuerst beschriebene Anordnungsweise von Schieber- und Treibkurbel und des Aufwerfhebels nach Bild 30 oder 32 hat zur Folge, daß für die Vorwärtsfahrt das Gleitstück sowohl bei innerer als auch bei äußerer

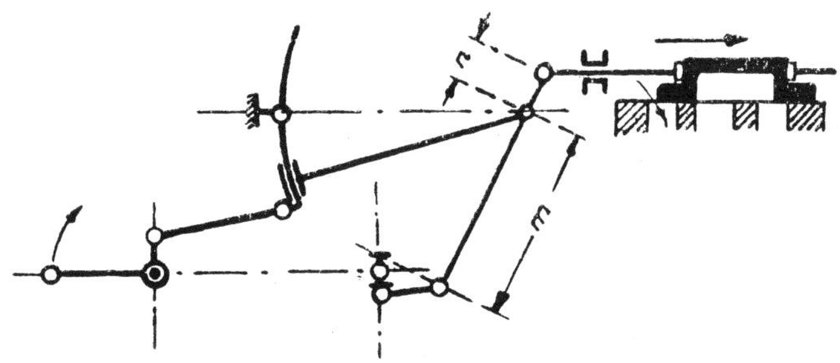

Bild 28 a.
Heusinger-Steuerung mit äußerer Einströmung

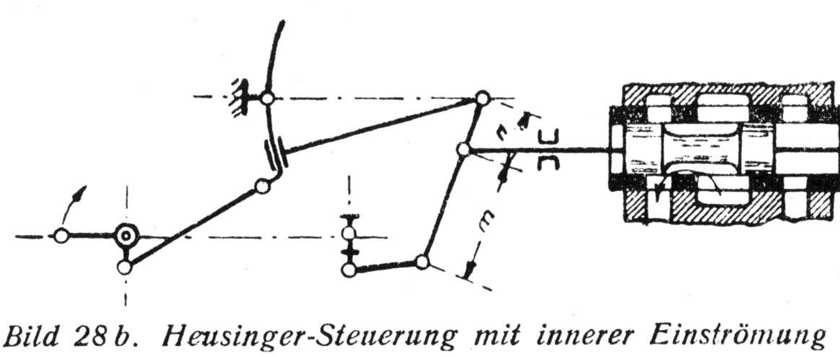

Bild 28 b. Heusinger-Steuerung mit innerer Einströmung

Einströmung gesenkt wird. Der Angriffspunkt der Schieberstange am Voreilhebel liegt dann bei Schiebern mit äußerer Einströmung über dem der Schieberschubstange (Bild 28 a). Bei Schiebern mit innerer Einströmung greift die Schieberstange am Voreilhebel unter der Schieberschubstange an (Bild 28 b).

Die Heusinger-Steuerung hat durch die Anordnung des Voreilhebels gegenüber anderen Schwingensteuerungen den Vorteil, daß die infolge der endlichen Länge der Treibstange entstehenden Ungleichheiten in den Schieberbewegungen größtenteils aufgehoben werden. Die Dampfkanäle öffnen und schließen deshalb schneller als bei anderen Schwingensteuerungen. Dieser Vorzug und das schon erwähnte, bei allen Füllungsgraden gleichbleibende lineare Voreilen ergeben eine regelmäßigere Dampfverteilung, weshalb die Reichsbahnlokomotiven vorwiegend mit Heusinger-Steuerungen ausgerüstet sind.

10. Das Steinspringen

Wie wir gesehen haben, überträgt die Schwinge die Bewegung der Hubscheibe oder Gegenkurbel auf den Schieber. Obgleich bei den verschiedenen Schwingensteuerungen, äußerlich betrachtet, die Schwingen vielfach unterschiedlich erscheinen, so ist doch immer wieder das Mittelstück ein der jeweils zugrunde gelegten mathematischen Mittellinie entsprechend radial gebogener (bei der Allansteuerung gradliniger) Schlitzhebel, zwischen dessen Gleitflächen sich der Schwingenstein bewegt und die Bewegungen der Schwinge auf den Schieber überträgt. Der Schwingenstein ist, während die Lokomotive sich bewegt, einer ständigen auf- und abspielenden geringen Bewegung in der Schwinge unterworfen. Dieses ständige geringe Auf- und Abgleiten an den Führungsflächen der Schwinge wird als Steinspringen bezeichnet. Durch die auf- und abgleitende Bewegung des Schwingensteins werden die Führungs-

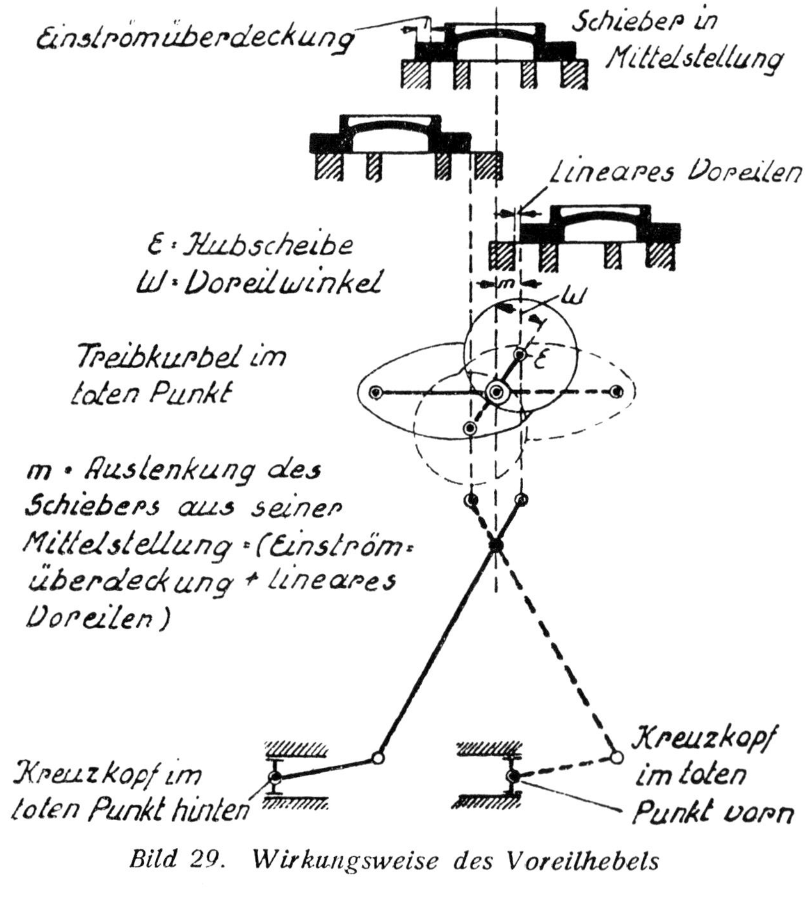

Bild 29. Wirkungsweise des Voreilhebels

flächen der Schwinge und die des Schwingensteins, besonders in den Stellungen, in welchen der Stein hauptsächlich steht, wenn die Maschine unter Dampf arbeitet, nach und nach abgenutzt. Das Steinspringen ist bei den verschiedenen Schwingensteuerungen unterschiedlich groß und auch in seiner Auswirkung auf die Dampfverteilung verschieden. Zum besseren Verständnis sollen die Zusammenhänge für die Bewegungen der Schwinge und des Schwingensteins an Hand der am häufigsten vertretenen Heusinger-Steuerung näher betrachtet werden.

Im Bild 30 ist eine Heusinger-Steuerung mit Kuhnscher Schleife abgebildet, die wegen ihrer gleichen Dampfverteilung für beide Fahrtrichtungen bei Tenderlokomotiven bevorzugt verwendet wird. Die Schieberschubstange wird hinter der Schwinge durch einen am Aufwerfhebel drehbar befestigten Stein, der sich in der Schlitzführung der Schieberschubstange bewegt, geführt. Wenn die Dampfmaschine arbeitet, bewegt sich jeder Punkt der Schwingenführungsmittellinie auf einem Kreisbogen um die Schwingenlagermitte. Da die Schieberschubstange sich aber hierbei nur geradlinig in ihrer Längsrichtung bewegen kann, muß hierbei der Schwingenstein in der Schwingenführung ständig etwas auf- und abspielen. Wie wir erkennen, ist die Bogenhöhe, um die der Schwingenstein springt, im oberen und unteren Teil der Schwinge, also für Vorwärts- und Rückwärtsfahrt, bei gleicher Auslegung gleich groß, die Dampfverteilung demnach für beide Fahrtrichtungen gleichmäßig.

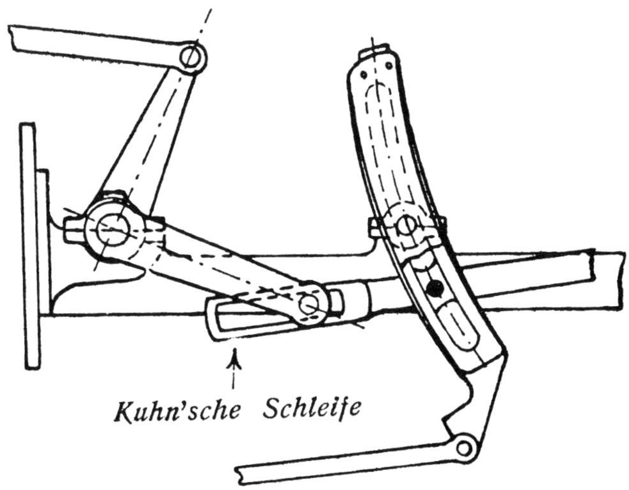

Bild 30.
Heusinger-Steuerung mit Kuhn'scher Schleife

Anders liegen die Verhältnisse bei der im Bild 31 und 32 dargestellten Heusinger-Steuerung, bei welcher die Schieberschubstange an einem Hängeeisen aufgehängt ist. Wenn der Schwingenstein im unteren Schwingenteil steht, so bewegt sich die Mitte des unteren Hängeeisenbolzens auf einem Bogen um den Aufhängepunkt des Hängeeisens, indessen der Schwingenstein auf einem Bogen um die Schwingenlagermitte geführt wird. Der Höhenunterschied der vom unteren Hängeeisenbolzen und dem Schwingenstein zu beschreibenden Bögen ist nur gering; entsprechend springt der Stein auch weniger und ist die Dampfverteilung gleichmäßiger. Wenn aber der Schwingenstein im oberen Schwingenteil steht, so bewegen sich die Mittelpunkte des unteren Hängeeisenbolzens und der des Schwingensteins auf Bögen mit entgegengesetzten Krümmungen. Hierdurch wird das Steinspringen bei Rückwärtsfahrt größer und die Dampfverteilung ungleichmäßiger.

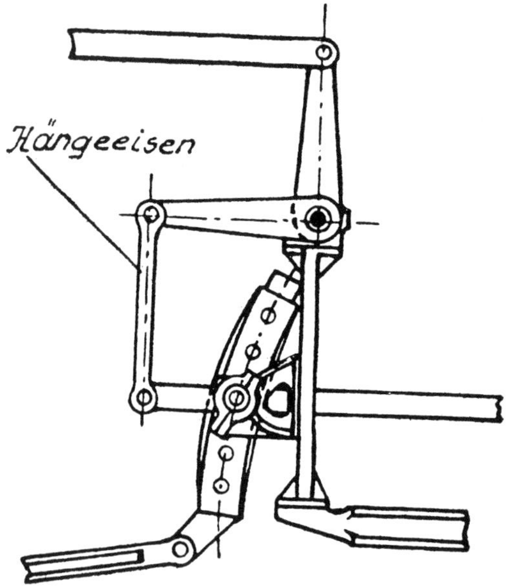

Bild 31.
Heusinger-Steuerung mit Hängeeisen

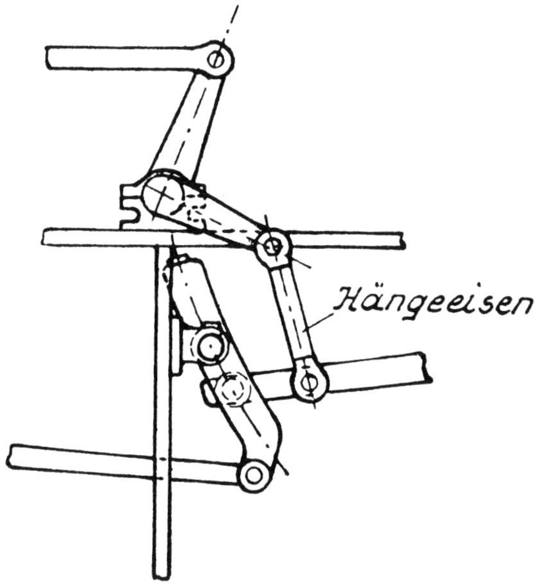

Bild 32.
Heusinger-Steuerung mit Hängeeisen

Die Arbeitsweise der Lokomotive unter Dampf und im Leerlauf

1. Die Wirkung des Massendrucks

Bei einer fahrenden Lokomotive werden die Massen (Dampfkolben mit Kolbenstange, Kreuzkopf und Treibstange) durch den Dampfdruck unter großem Kraftaufwand hin- und herbewegt. Wenn die Kreuzkopfbolzen, Kurbelzapfen und Achsschenkel von ihren Lagerschalen nicht fest umschlossen werden, treten jedesmal beim Lauf der Treibkurbel durch den Totpunkt harte Stöße und Erschütterungen auf. Solange die Lagerkeile stramm angezogen bleiben, sind selbst im Leerlauf solche Erschütterungen nicht feststellbar. Damit die Massen beim Hubwechsel ihre Bewegungsrichtung stoßfrei ändern, läßt man ihnen, bevor sie im toten Punkt angelangt sind, durch die Kompression eine so starke Kraft entgegenwirken, daß sie bis zum Hubende allmählich zur Ruhe gekommen sind. Bei richtig bemessenem Kompressionsenddruck liegt der Druckwechsel vor dem toten Punkt und ist der Hubwechsel stoßfrei.

Im Leerlauf der Lokomotive, also bei geschlossenem Regler, werden die hin- und hergehenden Massen nicht vom Kolben aus, sondern vom Kurbelzapfen des Treibrades aus in Bewegung gesetzt.

2. Erfordernis von Druckausgleichvorrichtungen

Bei Lokomotiven mit Flachschiebern geht der Druckwechsel im Leerlauf in nachstehender Weise vor sich: Der vor dem Kolben sich bildende Kompressionsdruck hebt, sowie er das Gewicht des Flachschiebers übersteigt, diesen ab, entweicht vom Zylinder in den Schieberkasten und wirkt bei Beginn der Einströmung auf den Kolben. Es wird also infolge Abklappens der Schieber selbsttätig ein Ausgleich zwischen dem Druckunterschied im Zylinder und im Schieberkasten herbeigeführt.

Bei Kolbenschiebern, die ihrer Bauart wegen nicht abklappen können, bildet sich im Zylinder, im Schieberkasten und in den Einströmröhren, solange die Einströmung geöffnet ist, ein Unterdruck (Luftverdünnung). Der Unterdruck steigert sich im Zylinder während des nun folgenden Dehnungsabschnittes durch den fortschreitenden Kolben. Der Unterdruck wirkt hemmend auf die leerlaufende Lokomotive und verkürzt ihren Auslaufweg. Sobald der Schieber die Ausströmung freigibt (Beginn der Vorausströmung) drückt die Außenluft in den Zylinder, wobei auf den Kolben ein Stoß in seiner Bewegungsrichtung ausgeübt wird, was sich als Zucken im Triebwerk bemerkbar macht. Die in den Zylinder stürzende Außenluft reißt Rauchgase, Ruß und sonstige Unreinigkeiten aus der Rauchkammer mit. Hierbei verkrusten und verschmutzen die Schieber und Kolben sowie deren Ringe; ihre Laufflächen werden riefig. Auf der Gegenseite des Kolbens wird der Zylinderinhalt verdichtet, bis zu dem Zeitpunkt, wo der Schieber die Einströmung wieder freigibt und der Verdichtungsdruck in den Schieberkasten entweicht. Dieser zweite, den Kolben plötzlich entlastende Druckwechsel findet etwa im toten Punkt statt, wobei ein starker Stoß auf die Zapfen und Lager des Triebwerks entsteht. Die im Zylinder der leer fahrenden Lokomotive zu leistende Verdichtungsarbeit wirkt stark hemmend auf den Leerlauf.

Durch Auslegen der Steuerung beim Schließen des Reglers von dem jeweiligen Arbeitsfüllungsgrad auf größere Füllungen beginnt die Verdichtung später und wird der Verdichtungsenddruck niedriger gehalten. Auch zur besseren Erhaltung des Kolbenschiebers bzw. seiner Büchse ist es vorzuziehen, die Steuerung beim Leerlauf in Fahrtrichtung vorzulegen.

Um bei Leerlauf die luftpumpenartige Wirkung im Zylinder der Maschine mit ihrem Arbeitsverbrauch und sonstigen Nachteilen möglichst zu vermeiden, besitzen die Lokomotiven mit Kolbenschiebern vielfach am Einströmstutzen Luftsaugeventile sowie am Zylinder selbst Druckausgleicher, womit die vordere und hintere Zylinderhälfte im Leerlauf miteinder verbunden werden.

Wenn der Umlaufkanal des Druckausgleichers zur Verminderung des Verdichtungsdruckes und der Luftverdünnung genügend groß bemessen ist, dann arbeitet die Lokomotive im Leerlauf so, wie wenn die Zylinderdeckel abgenommen wären. Der Druckwechsel findet dann stoßfrei in der Nähe der höchsten und tiefsten Kurbelstellungen statt.

3. Druckausgleicher Bauart Knorr mit Luftsaugeventil

Bild 33 zeigt einen Druckausgleicher der Bauart Knorr. Er bewirkt, daß im Leerlauf der Lokomotive, allerdings auch nicht ohne jeden Druckunterschied, der Zylinderinhalt von der einen zur anderen Zylinderseite geschoben wird. Das Luftsaugeventil (Bild 34) ermöglicht eine Kühlung durch reine (kalte) Außenluft. Zum Anbau beider Einrichtungen sind an den Zylindern entsprechende Stutzen angegossen. Nachdem der Regler geschlossen und die Steuerung in Fahrtrichtung ausgelegt ist, wird der Druckausgleicher und das Luftsaugeventil durch Preßluft aus dem Hauptluftbehälter mittels eines auf dem Führerstand angebrachten Anstellhahnes geöffnet. Durch die geöffneten Ventile gelangt Außenluft in den Schieberkasten und unter Umgehung des Schiebers auf beide Seiten des Dampfkolbens im Zylinder, so daß die luftpumpenartige Wirkung im Dampfzylinder mit ihren nachteiligen Auswirkungen unterbunden wird. Beim Arbeiten unter Dampf schließen sich die Ventile durch Feder- und Dampfdruck.

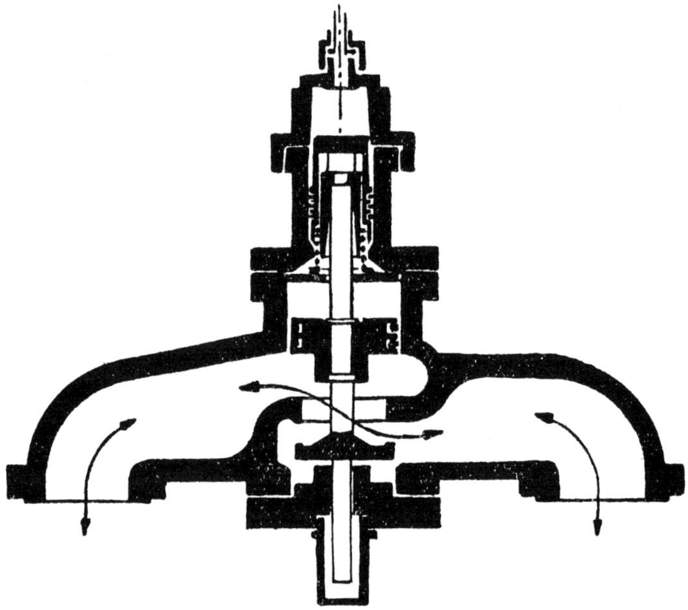

Bild 33. Druckausgleicher der Bauart Knorr

Der Anstellhahn auf dem Führerstand hat zwei Stellungen (Bild 35):

Stellung I (Leerlaufstellung). Die Druckluft gelangt durch die Bohrung b vom Hauptluftbehälter zu den Ventilen und öffnet diese.

Stellung II (Fahrtstellung). Die Verbindung zwischen Hauptluftbehälter, den Druckausgleichern und Luftsaugeventilen ist unterbunden. Die Luft entweicht aus den Schließventilen über die Bohrungen ins Freie.

Beim Übergang in den Leerlauf ist, nachdem der Regler geschlossen wurde, erst die Steuerung in Fahrtrichtung voll auszulegen, und dann der Anstellhahn langsam in die Leerlaufstellung zu legen.

Beim Übergang vom Leerlauf in Fahrt unter Dampf wird die Steuerung auf die gewünschte Arbeitsfüllung eingezogen, der Anstellhahn in Fahrtstellung gelegt, und erst dann, wenn aus der Bohrung a keine Luft mehr ausbläst, der Regler geöffnet.

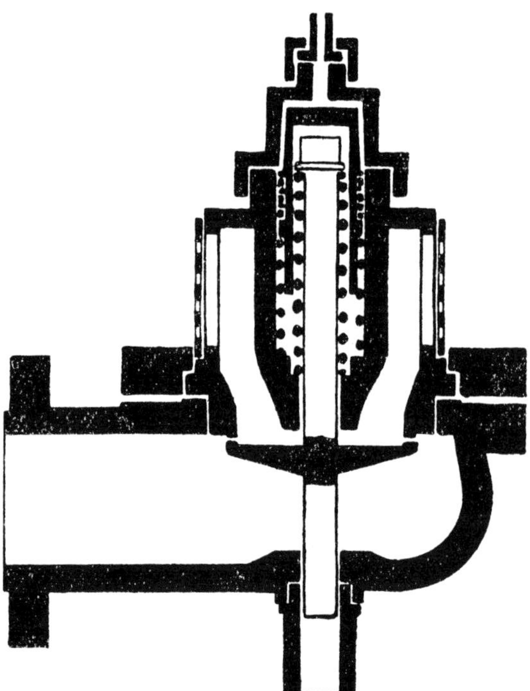

Bild 34. Luftsaugeventil

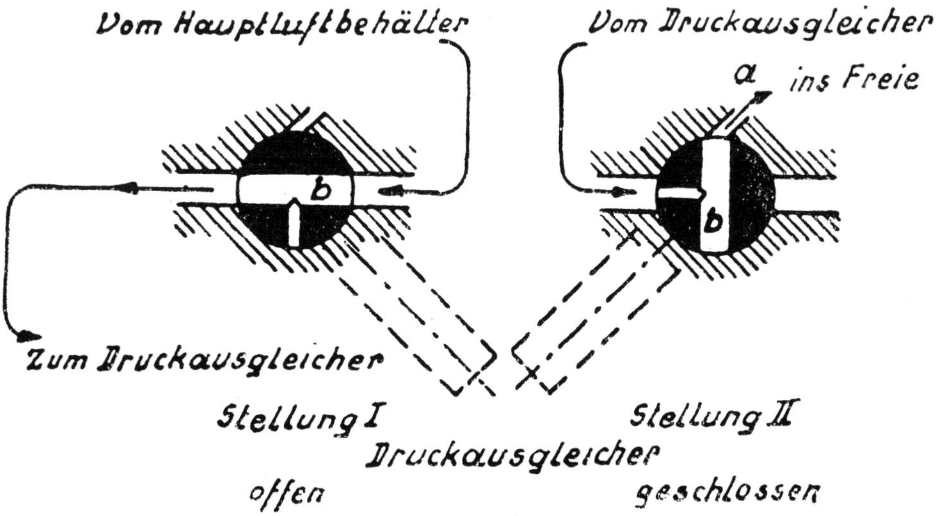

Bild 35.
Stellungen des Anstellhahns zum Druckausgleicher Bild 33 und Luftsaugeventil Bild 34

4. Der Druckausgleicher mit Eckventilen

Der Sauerstoff der durch das Luftsaugeventil eingeführten frischen Luft bewirkt bei Lokomotiven mit hoher Überhitzung Verbrennung und Verkrustung des Schmieröls. Häufigeres Reinigen der verkrusteten und festgesetzten Schieber- und Kolbenringe ist die Folge. Bei Lokomotiven neuerer Bauart mit ihren höheren Dampftemperaturen wird der erforderliche Druckausgleich im Zylinder ohne zusätzliche Luftsaugeventile geschaffen. Im Bild 36 ist der Druckausgleicher mit Eckventilen dargestellt. Um Verluste durch nutzlose Leerlaufarbeit klein zu halten, sind die Durchgangsquerschnitte erweitert. Um aber dabei die schädlichen Räume, die bei dem Knorr-Druckausgleicher bis zu dem mittleren Ventil heranreichen, nicht

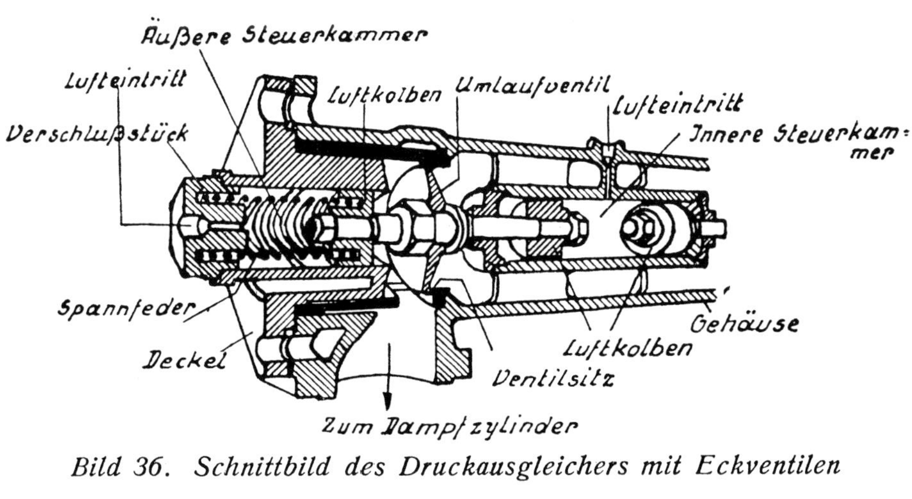

Bild 36. Schnittbild des Druckausgleichers mit Eckventilen

übermäßig zu vergrößern, wurden hier zwei luftgesteuerte Eckventile in unmittelbarer Nähe der Schieberbüchse auf dem Schieberkasten vorgesehen. Dieselben bieten bei Leerlauf den vom Kolben hin- und hergeschobenen Zylinderfüllungen einen weiten Umlaufkanal. Die Ventile werden bei Fahrt unter Dampf vom Arbeitsdruck im Zylinder geschlossen gehalten. Bei Stillstand wird das Abheben der Ventile von ihrem Sitz durch Schraubenfedern verhütet. Außerdem können die Ventile vor Öffnen des Reglers noch mittels Druckluft auf ihren Sitz gedrückt werden.

Zur Betätigung der Druckausgleicher dient der im Führerhaus angebrachte Anstellhahn mit seinen drei Stellungen (Bild 37).

Stellung I (beim Anfahren). Der Druckausgleicher ist geschlossen. Die Druckluft tritt aus der inneren Steuerkammer ins Freie. Ferner tritt Druckluft in die beiden äußeren Steuerkammern und drückt vor dem Öffnen des Reglers die Ventile auf ihren Sitz.

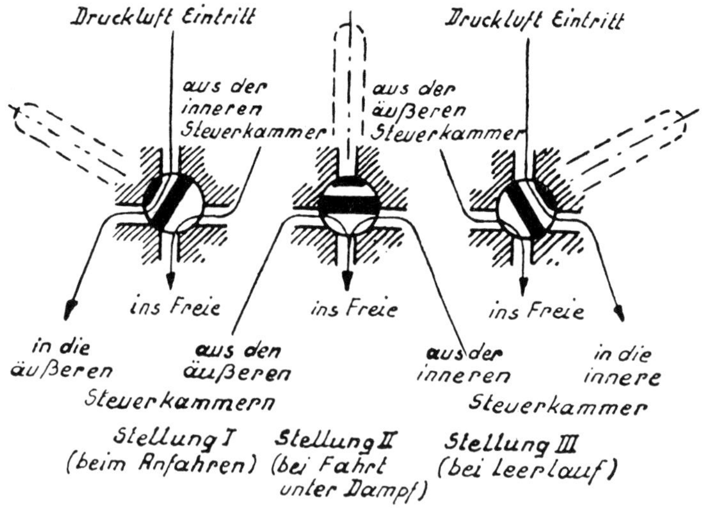

Bild 37. Stellungen des Anstellhahns zum Druckausgleicher Bild 36

Stellung II (Fahrt unter Dampf). Die Eckventile werden von dem Dampfdruck im Zylinder geschlossen gehalten. Die Zufuhr der Druckluft wird abgesperrt und die noch in den Steuerkammern befindliche Druckluft gelangt ins Freie.

Stellung III (Leerlauf). Nachdem der Regler geschlossen ist, wird Druckluft in die innere Steuerkammer gegeben und jetzt erst die Steuerung voll ausgelegt.

Vor dem Übergang vom Leerlauf in Fahrt unter Dampf wird erst die Steuerung auf die gewünschte Arbeitsfüllung eingezogen und dann gleichzeitig der Druckausgleicher geschlossen (Stellung I) und der Regler geöffnet. Alsdann wird der Anstellhahn in Stellung II (Fahrt unter Dampf) wieder zurückgelegt.

5. Der Karl-Schulz-Kolbenschieber

Dieser Druckausgleichkolbenschieber (Bild 38) stellt völlig selbsttätig im Leerlauf den Druckausgleich zwischen beiden Zylinderhälften her. Jeder der beiden Schieberkolben ist geteilt und besteht aus zwei einzelnen Teilkolbenkörpern. Auf der Nabe der äußeren Teilkolbenkörper, die fest auf der Schieberstange sitzen, bewegen sich die inneren Kolbenkörperteile. Die beiden äußeren Teile besitzen Durchgangsöffnungen, während die inneren Teile vollwandig sind. Die inneren und äußeren Kolbenteile werden bei geschlossenem Regler durch eine starke Schraubenfeder auseinandergehalten. Beim Öffnen des Reglers überwindet der Dampfdruck die Federspannung und schiebt die beiden beweglichen inneren Kolbenteile gegen die äußeren festsitzenden Kolbenkörperteile. Aus den vier Halbkörpern entsteht so

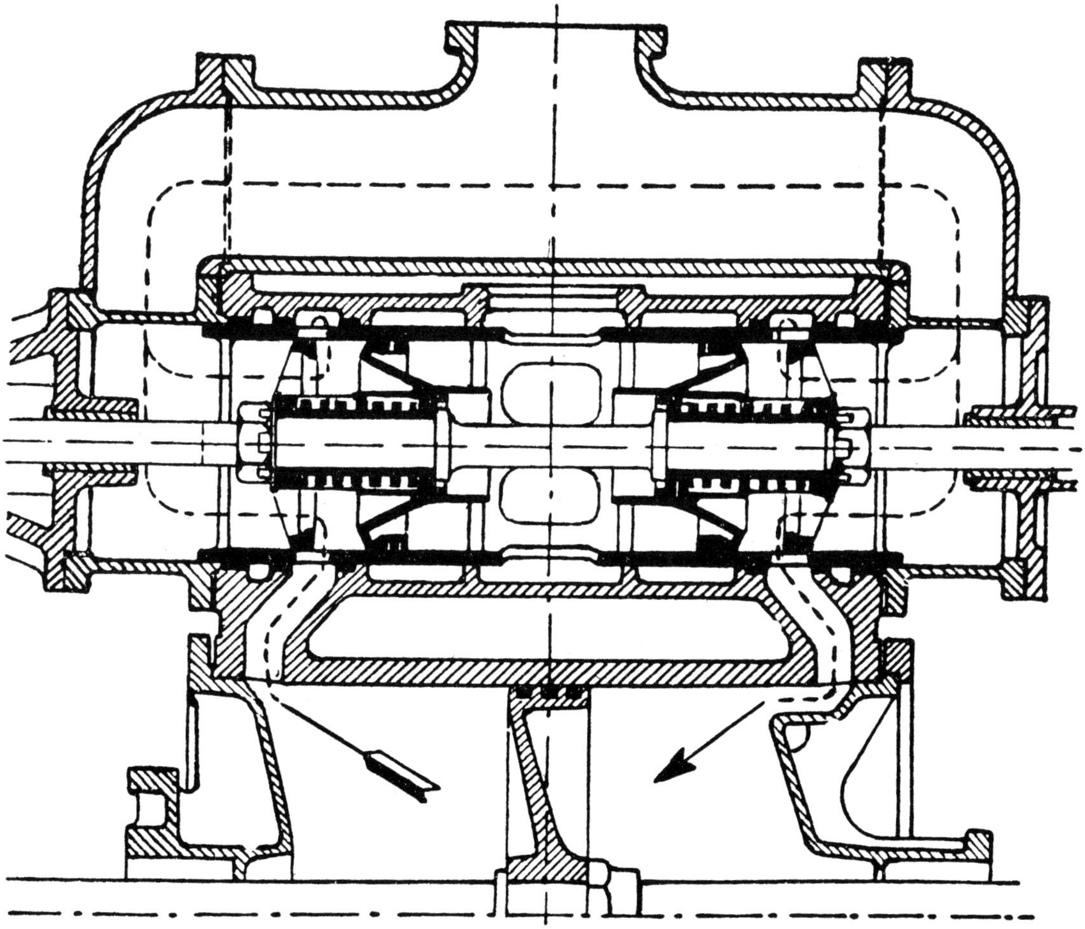

Bild 38. Karl-Schulz-Kolbenschieber

ein Kolbenschieber mit zwei normalen Schieberkolben, der den Dampfein- und -Austritt in der üblichen Weise steuert.

Die Kolbenkörperteile werden im Leerlauf durch die Schraubenfedern soweit auseinander gedrückt, daß über die Durchgangsöffnungen der äußeren feststehenden Teile und die Dampfkanäle zwischen beiden Zylinderhälften immer Verbindung besteht. Der Zylinderinhalt wird hierbei von einer Zylinderseite in die andere geschoben.

Die Bedienung der Lokomotiven mit Karl-Schulz-Schiebern ist, da besondere Druckausgleich- und Zylindersaugeventile mit einem entsprechenden Anstellhahn auf dem Führerstand entfallen, einfacher. Der Schieber öffnet sich für den Druckausgleich selbsttätig und schließt beim Dampfgeben auch wieder von selbst.

Um starkes Aufeinanderschlagen der Kolbenkörperteile beim Zusammenklappen zu vermeiden, ist der Regler ganz langsam zu öffnen.

Nach dem Schließen des Reglers, beim Übergang auf Leerlauf, ist die Steuerung ganz langsam auf größere Füllung auszulegen. Vielfach wird der beste Druckausgleich bei 60 % Füllung erreicht.

Beim Wiederöffnen des Reglers ist die Steuerung erst auf Mitte zu legen, dann der Regler zu öffnen und zuletzt die Steuerung auf die gewünschte Arbeitsfüllung auszulegen. Keinesfalls darf während der Fahrt bei voll ausgelegter Steuerung der Regler wieder geöffnet werden — um starkes Aufeinanderschlagen und damit Beschädigung an den Kolbenkörperteilen zu vermeiden.

Der Karl-Schulz-Kolbenschieber bietet gleichzeitig Sicherheit gegen Wasserschläge. Die inneren Schieberteile öffnen sich hierbei infolge des Überdrucks, so daß letzterer über die Durchgangsöffnungen der äußeren Schieberteile abgeleitet wird. Besondere Zylindersicherheitsventile, wie sie sonst bei Maschinen mit Kolbenschiebern erforderlich sind, fallen deshalb fort.

6. Winterthur-Druckausgleicher

Der in Bild 39 dargestellte Winterthur-Druckausgleicher arbeitet auch selbsttätig. Er ist über dem Schieberkasten angeordnet und verbindet im Leerlauf beide Zylinderseiten dadurch, daß der Ventilteller von selbst nach unten fällt. Sobald der Regler wieder geöffnet wird, hebt der Frischdampf den Ventilteller an und schließt den Druckausgleicher. Um einen sicheren Abschluß des Winterthur-Druckausgleichers zu erreichen, ist der Regler schnell zu öffnen, wobei allerdings darauf zu achten ist, daß die Maschine nicht schleudert und kein Wasser überreißt.

Falls der Ventilteller bricht, kann der Druckausgleicher durch Verdrehen des Gehäuseeinsatzes um 90° ausgeschaltet werden, so daß die Lokomotive dann an sich noch betriebsfähig bleibt.

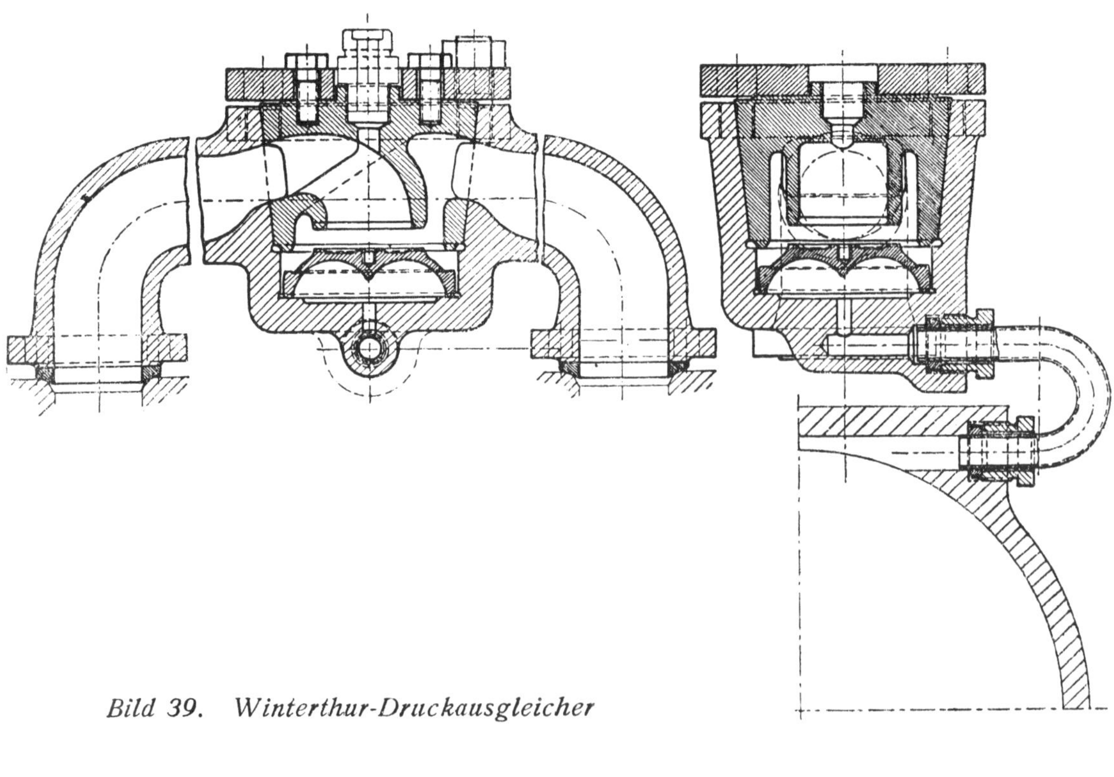

Bild 39. Winterthur-Druckausgleicher

Der Lokomotivkessel

Der heutige normale Lokomotivkessel besitzt noch die wesentlichen Merkmale, die Feuerbüchse, den Heizrohrlangkessel und das Blasrohr des vor über hundert Jahren von Stephenson erbauten Lokomotivkessels.

1. Gesetzliche Bestimmungen für Lokomotivkessel

Im Lokomotivkessel wird die in der Kohle enthaltene Wärmeenergie zur Verdampfung des Wassers verwendet. Die Energie des gespannten Dampfes im Lokomotivkessel und die sehr hohen Ansprüche, die an einen Lokomotivkessel gestellt werden müssen, erfordern für einen sicheren Betrieb, daß schon bei der Auswahl der Kesselbaustoffe und beim Bau des Kessels weitestgehende Umsicht waltet. Ferner muß der Lokomotivkessel, um einen sicheren Betrieb zu gewährleisten, in regelmäßigen Zeitabständen innen und außen gründlich untersucht und die Kesselbediener (Lokomotivpersonal) gründlich ausgebildet werden.

Die Bauart der Lokomotivkessel ist der Eisenbahn-Bau- und Betriebsordnung und den Kesselvorschriften der Reichsbahn unterworfen. Sie müssen den nachstehenden Bedingungen genügen:

Die Dampfkessel der Lokomotiven dürfen erst in Betrieb genommen werden, wenn die Bauart genehmigt und der Kessel abgenommen ist.

Beim Bau der Lokomotivkessel sind die besonderen Werkstoff- und Bauvorschriften zu beachten. Über die Abnahme der Kesselbleche sind Bescheinigungen auszustellen.

Die Dampfkessel der Lokomotive müssen folgende Ausrüstung erhalten:

1. Zwei voneinander unabhängige, unmittelbar am Kessel absperrbare Speisevorrichtungen, von denen jede imstande ist, dem Kessel die erforderliche Wassermenge zuzuführen. Mindestens eine Vorrichtung muß auch beim Stillstand des Fahrzeugs arbeiten können.
2. An jeder Einmündung einer Speiseleitung in den Kessel ein Speiseventil, das den Wasser- oder Dampfabfluß aus dem Kessel selbsttätig verhindert. Die Speiseventile müssen auch von Hand geschlossen werden können oder zwischen Kessel und selbsttätigem Speiseventil muß eine besondere, von Hand bedienbare Absperrvorrichtung eingeschaltet sein.
3. Wenigstens zwei voneinander unabhängige Vorrichtungen zum zuverlässigen Erkennen des Wasserstandes. Mindestens eine davon muß ein Wasserstandsglas sein.
4. Marken am Wasserstandsglas und an der Kesselwand für den festgesetzten niedrigsten Wasserstand, die mindestens 100 mm über dem höchsten wasserbenetzten Punkt der Feuerbüchse liegen müssen.
5. Zwei Sicherheitsventile, die so eingerichtet sein müssen, daß ihre Belastung nicht ohne Lösen des Bleisiegelverschlusses oder Verändern der Kontrollhülse über das bestimmte Maß gesteigert werden kann. Sie müssen soviel Dampf abführen, daß der festgesetzte höchste Betriebsüberdruck um nicht mehr als $^{1}/_{10}$ überschritten werden kann. Die Sicherheitsventile müssen so ausgestattet sein, daß sie vom strömenden Dampf nicht fortgeschleudert werden können, wenn eine unbeabsichtigte Entlastung eintritt.

Werden Sicherheitsventile ausgewechselt, so ist auf besonderem Vordruck eine Bescheinigung über die Prüfung abzugeben und die Höhe der Kontrollhülse oder die Stempelung der Plombe einzutragen.

6. Einen nach atü (kg/cm²) eingeteilten Kesseldruckmesser (Manometer), der den Dampfdruck des Kessels fortwährend anzeigt und auf dessen Zifferblatt der festgesetzte höchste Betriebsdruck durch eine unverstellbare auffallende Marke bezeichnet ist.

7. Eine Einrichtung zum Anschließen des Prüfdruckmessers mit den Abmessungen nach den bestehenden Normen.

8. Eine Dampfpfeife oder eine andere Schallvorrichtung.

9. Ein Fabrikschild aus Metall, worauf der höchste zulässige Betriebsdruck, Name des Herstellers, die Fabriknummer und das Jahr der Anfertigung angegeben sind. Das Fabrikschild ist mit zwei kupfernen, versenkt vernieteten Stiftschrauben am Kessel zu befestigen, und zwar so, daß es auch nach der Bekleidung des Kessels sichtbar bleibt.

   Nach befriedigendem Ergebnis der Bauprüfung und dem Wasserdruckversuch sind die Kupfernieten vom Kesselprüfer amtlich zu stempeln. Der benutzte Stempel ist in der Bescheinigung über die Prüfung der Bauart und über den Wasserdruckversuch abzudrucken.

10. Die Kessel der Lokomotiven müssen mit einer zuverlässigen Vorrichtung zum Absperren des Dampfes versehen sein und mit einer Einrichtung, durch die der Kessel entleert werden kann.

Die Dampfkessel der Lokomotiven müssen mindestens
alle 5 Jahre einer Hauptuntersuchung
alle 3 Jahre einer Zwischenuntersuchung
unterzogen werden. Wird bei einer Zwischenuntersuchung ein Wasserdruckversuch vorgenommen, so kann die Regelfrist für die nächste Hauptuntersuchung von 5 auf 6 Jahre verlängert werden. Zwischen einer Zwischenuntersuchung und einer Hauptuntersuchung dürfen nicht mehr als 3 Jahre liegen, falls keine anrechnungsfähigen Ausbesserungs- oder Abstellzeiten eine Verlängerung zulassen.

Bei der Hauptuntersuchung wird der Kessel freigelegt und aus dem Rahmen ausgebaut. Nach dem Ab- und Ausbau der gesamten Kesselausrüstung und dem Entfernen der Heiz- und Rauchrohre ist er auch im Innern zu untersuchen. Überhitzereinheiten, Dampfsammelkasten und Reglerrohr mit Regler sind auszubauen und vor Wiedereinbau mit einem Wasserdruck, der mindestens gleich dem Kesselprüfdruck ist, zu prüfen. Mit jeder Hauptuntersuchung ist ein Wasserdruckversuch zu verbinden.

Die Zwischenuntersuchung ist so auszuführen, daß der Kessel unbedenklich bis zur nächsten Hauptuntersuchung in Betrieb gehalten werden kann. Mindestens ab- oder ausgebaut werden Überhitzereinheiten, Regler, Speisedom, Waschluken, Roststäbe und Feuerschirm.

Bei der Zwischenuntersuchung mit Wasserdruckversuch wird der Kessel soweit freigelegt, daß er außen vollständig besichtigt werden kann. Er kann mit dem Rahmen verbunden bleiben, wenn die Besichtigung in diesem Zustand möglich ist.

An jedem Kessel einer Lokomotive ist ein Kesseluntersuchungsschild anzubringen, in das der Tag der Abnahme und der Tag der letzten Haupt- oder Zwischenuntersuchung einzustempeln ist.

2. Betriebliche Forderungen an den Lokomotivkessel

Die Verwendung der Lokomotive im Betrieb ergibt oft in ganz kurzen Zeitabständen stark unterschiedliche Kesselbelastungen. Die Beanspruchung der Kesselbaustoffe ist daher gegenüber der bei ortsfesten Dampfkesseln besonders groß. Es gehört zum Regelbetrieb, daß nach Bergfahrten, bei denen längere Zeit die höchste erreichbare Kesselleistung ausgenutzt wird, unmittelbar im Anschluß, während der Talfahrt, die Kesselbelastung praktisch oft bis auf Null zurückgeht. Ähnliche Belastungswechsel, und auch umgekehrt, z. B. beim Anfahren schwerer Güterzüge in starken Steigungen, nach vorherigem längerem Stillstand der Lokomotive, werden ständig vom Lokomotivkessel gefordert.

Trotz dieser sich oft kurzzeitig stark ändernden Kesselbelastung soll der Lokomotivkessel wärmewirtschaftlich gut arbeiten, ununterbrochen über einen möglichst langen Zeitraum im Betrieb sein und wenig Unterhaltungsarbeit erfordern. Um diesen hohen Anforderungen des Betriebes zu genügen, muß der Lokomotivkessel entsprechend robust gebaut werden, seine Bedienung aber andererseits auch entsprechend umsichtig erfolgen. Die Einrichtungen des Kessels zum Anfachen des Feuers und zur Speisung sind entsprechend anzupassen. Das Bedienungspersonal (Lokomotivmannschaft) ist bestens auszubilden.

3. Die Wärmeentwicklung, Kesselheizfläche usw.

Durch die Verbrennung der Kohle auf dem Rost der Feuerbüchse wird die zur Dampferzeugung notwendige Wärme entwickelt. Die hierbei erzeugte Wärme wird zum Teil durch Strahlung der glühenden Kohle und der Flamme an die Feuerbüchswände und durch diese hindurch an das Kesselwasser weitergeleitet. Andernteils wird die in den Verbrennungsgasen enthaltene Wärme durch Leitung, d. h. durch Berührung mit den Feuerbüchs- und Rohrwandungen und durch diese hindurch an das Kesselwasser abgegeben. Die heißen Verbrennungsgase, deren Temperatur unmittelbar über dem Rost der Feuerbüchse am größten (1200—1500 °C) ist, kühlen sich auf ihrem Wege durch die Kesselrohre, mit Abgabe ihrer Wärme an das Kesselwasser, nach und nach ab, bis ihre Temperatur in der Rauchkammer auf etwa 250—350 °C gesunken ist. Da die Temperaturen in der Feuerbüchse am höchsten sind, ist die Verdampfung im Hinterkessel am lebhaftesten und die Dampfbildung am größten. Entsprechend ist auch die Beanspruchung der Kesselbaustoffe des Hinterkessels am stärksten. Mit abnehmender Gastemperatur auf dem Weg durch die Heiz- und Rauchrohre geht auch die Dampferzeugung zurück und ist in der Nähe der Rauchkammer am geringsten.

Die Verdampfungshöchstleistung ist für alle Kessel der Reichsbahnlokomotiven auf 57 kg Dampf in der Stunde je m^2 Heizfläche festgelegt (kg/m^2h). Diese Kesselbelastung wird als Kesselvollast bezeichnet. Sie wird bei vollkommener Verbrennung und normaler Belastung des Kessels, ohne undichte Stehbolzen und Rohre befürchten zu müssen, erreicht. Wenn also auf 1 m^2 Kesselheizfläche in jeder Stunde 57 kg

Wasser in Dampf verwandelt werden, so kann beispielsweise der Kessel einer Lokomotive der Baureihe 38 (P 8) mit einer Kesselheizfläche von 143,9 m^2 bei Kesselvollast eine Verdampfungsleistung von 143,9 · 57 = 8202 kg Dampf pro Stunde (kg/h) erzeugen. Hierbei wird die Lebensdauer des Kessels noch nicht übermäßig stark beeinträchtigt, so daß die Erhaltungskosten in tragbaren Grenzen bleiben.

Die mit 57 kg/m^2h festgelegte Kesselvollast wird auch für die Belastungsgrenze der Lokomotiven bei Ermittlung der Zylinderzugkraft nach der Kesselgrenzleistung zugrunde gelegt.

An sich ist der Lokomotivkessel zwar ziemlich stark überlastungsfähig. Im Interesse einer betriebsfähigen Erhaltung des Lokomotivkessels auf längere Zeit, ohne übermäßige Reparaturkosten, soll die Kesselgrenzleistung im Bedarfsfall aber nur kurzzeitig überschritten werden.

Man kann ein Überschreiten der Kesselgrenze vermeiden, indem man dem Lokomotivführer eine Zahlentafel nachstehenden Musters hierfür in die Hand gibt, aus welcher zu ersehen ist, wie weit die Steuerung einer bestimmten Lokomotivgattung bei den verschiedenen Geschwindigkeiten ausgelegt werden darf.

Füllungen an der Kesselgrenze

Fahrgeschwindigkeit km/h	Bauartreihe					Fahrgeschwindigkeit km/h	Bauartreihe				
	P 8	64	G 10	86	T 14[1]		P 8	64	G 10	86	T 14[1]
25	—	—	42	34.5	34.5	65	38	29	—	20.5	—
30	—	39.5	38.5	30.5	33	70	37	28.5	—	20	—
35	—	36.5	36	27	31.5	75	36	28	—	—	—
40	46	34	34	25	30	80	35.5	28	—	—	—
45	44	32.5	33	23.5	28	85	34.5	27.5	—	—	—
50	42.5	31	32	22	26.5	90	34	27	—	—	—
55	41	30.5	31	21.5	25	95	34	—	—	—	—
60	39.5	30	—	21	23.5	100	33.5	—	—	—	—

Unter der für die Kesselvollast maßgebenden Kesselheizfläche versteht man die Summe aller Flächen, die von der hellen Flamme und den Heizgasen berührt werden und deren Wärme an das Kesselwasser übertragen. Da der Wärmeübergang je m^2 Heizfläche nicht unbegrenzt ist, wird die Heizfläche beim Konstruieren eines Lokomotivkessels in Abhängigkeit von der geforderten Kesselgrenzleistung errechnet.

Im Gegensatz zur Überhitzerfläche, unter der man die feuerberührten Wandungen der Überhitzerrohre versteht, bezeichnet man die Kesselheizfläche, die bei Naßdampflokomotiven nur allein vorhanden ist, auch mit Verdampfungsheizfläche. Man spricht von feuerberührter und von wasserberührter Kesselheizfläche, rechnet aber praktisch immer nur mit der kleineren feuerberührten Heizfläche.

Die Verdampfungs- oder Kesselheizfläche besteht aus der unmittelbaren und der mittelbaren Heizfläche. Die unmittelbare Heizfläche besteht aus den Innenwänden der Feuerbüchse; auf sie wirkt die bei der Verbrennung frei werdende Wärme durch Strahlung und Berührung unmittelbar ein. Unter mittelbarer Heizfläche sind die Innenwandungen der Heiz- und Rauchrohre und die Rauchkammerrohrwand zu verstehen; sie werden mittels der als Wärmeträger wirkenden Verbrennungsgase beheizt.

Unter dem Wirkungsgrad eines Kessels ist das Verhältnis der zur Erzeugung des entwickelten Dampfes verbrauchten Erzeugungswärme (in WE) zu der Wärmeenergie in (WE), die in Form von Kohle auf dem Rost verbraucht wurde, zu verstehen.

Eine zu große Heizfläche, der wegen einer zu kleinen Rostfläche nur ungenügend Wärme zugeführt wird, ist ebenso unzweckmäßig, wie eine kleine Heizfläche bei übermäßig großer Rostfläche. Zur Erzielung eines möglichst günstigen Kesselwirkungsgrades muß die Größe der Rostfläche zur Verdampfungsheizfläche und zu dieser wieder die Überhitzerheizfläche in einem ganz bestimmten, auf Grund von Versuchen ermittelten günstigsten Verhältnis stehen. Nachstehend sind die Rostflächen, Verdampfungsheizflächen und Überhitzerheizflächen einiger Lokomotivgattungen vergleichsweise gegenübergestellt.

	Bauartreihe				
	P 8	64	G 10	86	T 14[1]
Rostfläche (m^2)	2,64	2,04	2,63	2,34	2,56
Verdampfungsheizfläche (m^2)	143,9	104,4	143,27	117,3	127,0
Überhitzerheizfläche (m^2)	58,9	37,18	58,90	47,0	50,28

Auch das Verhältnis der unmittelbaren zur mittelbaren Kesselheizfläche ist für den Wirkungsgrad des Lokomotivkessels von ausschlaggebender Bedeutung. Der Wärmedurchgang ist an den Feuerbüchswänden bedeutend größer als an den Kesselrohrwandungen, weshalb beim Entwurf auf möglichst große unmittelbar wirkende Feuerbüchsheizfläche hinzuarbeiten ist.

4. Die Kesselbaustoffe und ihr Verhalten im Betrieb

Die für die Herstellung von Lokomotivkesseln geltenden gesetzlichen Bestimmungen beruhen auf der Eisenbahn-Bau- und Betriebsordnung und den Kesselvorschriften der Reichsbahn.

Die wichtigsten Kesselbaustoffe sind Stahl und Kupfer. Alle zum Bau von Lokomotivkesseln bestimmten Werkstoffe müssen unbedingt zuverlässig und von guter Beschaffenheit sein. Die vorgeschriebenen Festigkeitseigenschaften, Werkstoffprüfungen und Bauüberwachungen sind in besonderen Werkstoff- und Bauvorschriften niedergelegt.

Die Kesselbleche und Kesselrohre werden aus Stahl hergestellt (gewalzt).

Die Feuerbüchse, also der Kesselbauteil, der die größte Hitze (1200—1500 °C) auszuhalten hat, wurde früher in Deutschland fast ausnahmslos aus Kupfer hergestellt. Kupfer ist ein besserer Wärmeleiter als Stahl. Ferner wird Kupfer von dem in der Kohle enthaltenen Schwefel und anderen schädlichen Beimengungen, die bei der Verbrennung mit vergasen, bedeutend weniger angegriffen als Stahl. Kupferne Feuerbüchsen besitzen vielfach, um die durch Einwirkung der Flammen (verstärkt durch Undichtigkeiten) auftretenden Abzehrungen einzudämmen, in Höhe der Feuerzone Kuprodurvorschuhe. Kuprodur ist eine Legierung von Kupfer mit Nickel, Silizium und Eisen. Dieser Baustoff wird durch ein Spezialtemperverfahren gehärtet und warmfest gemacht.

Während des letzten Krieges wurden zahlreiche Lokomotiven mit Stahlfeuerbüchsen ausgerüstet. Der hierfür verwendete Stahl ist den in der Feuerbüchse auftretenden Belastungen gewachsen, so daß die Stahlfeuerbüchse bei richtiger Behandlung im Betrieb der kupfernen Feuerbüchse gegenüber etwa gleichwertig ist.

Die bei der Verbrennung in der Feuerbüchse auftretenden hohen Temperaturen bewirken starke Ausdehnungen der Feuerbüchswandungen. Die im Lokomotivbetrieb sich ergebenden starken Belastungsschwankungen verursachen ständige Temperaturveränderungen am Feuerbüchswerkstoff und unterschiedlich wechselnde Wärmespannungen. Der Feuerbüchsenbaustoff muß daher neben guter Wärmeleitfähigkeit ausreichende Zähigkeit besitzen, um die wechselnden Wärmespannungen ohne bleibende Formveränderung gut aufnehmen zu können.

Die unterschiedliche Wärmeleitfähigkeit von Kupfer und Stahl hat zur Folge, daß die Wandtemperaturen bei Stahlfeuerbüchsen mit ansteigender Kesselbelastung stark zunehmen, während sie bei kupfernen Feuerbüchsen nur unwesentlich über die des Kesselwassers hinausgehen. Versuche ergaben, daß die Temperaturen der Wandungen von Stahlfeuerbüchsen im Betrieb um 100—150 °C über die des Kesselwassers ansteigen, während kupferne Feuerbüchsen sich nur um 10—30 °C über die Kesselwassertemperatur erwärmen. Infolge der geringeren Wärmeleitfähigkeit können sich bei Stahl die Temperaturen örtlich nicht so schnell wie bei Kupfer ausgleichen. Auch quer zur Wand ist bei stählernen Feuerbüchsen der Temperaturabfall trotz der geringeren Blechstärke größer als bei Kupfer.

Jede Temperaturänderung, sowohl ansteigender als auch abfallender Art, verbreitet sich im Kupferblech erheblich besser als im Stahlblech. Durch den schlechteren Temperaturausgleich im Stahlblech können bei örtlich begrenzter schneller Abkühlung starke Spannungen in der Feuerbüchswand entstehen. Ebenso ist an Stahlfeuerbüchsen der umgekehrte, aber sich gleichfalls schädlich auswirkende Vorgang bei örtlich begrenzter Erwärmung einzelner Stellen zu beobachten.

Ständige Temperaturschwankungen ergeben sich durch die schwankenden Kesselbelastungen im Betrieb, insbesondere auf Strecken mit stark wechselnden Neigungsverhältnissen. Aber auch ungleichmäßige Feuerbedienung hat oft große Temperaturschwankungen zur Folge. Auflockern und einebnen der Brennstoffschicht mit dem Feuerhaken ergibt infolge der lebhafteren Verbrennung einen beträchtlichen Temperaturanstieg. Einseitiges Aufwerfen von Kohle, durch unbedeckte Rostflächen oder durch die Feuertür eintretende kalte Luft und vorschriftswidrige Benutzung der Speisepumpe bei geschlossenem Regler führt zu plötzlichen Temperaturabnahmen.

Vorstehende Ausführungen ergeben: die Stahlfeuerbüchse ist gegen plötzliche Temperaturschwankungen, besonders wenn diese an einzelnen Stellen und nicht gleichmäßig auftreten, empfindlicher als die kupferne Feuerbüchse.

Die Stahlfeuerbüchse darf weder im ganzen, noch an einzelnen Stellen stark abgekühlt oder stark erwärmt werden. Alle Temperaturänderungen sollen allmählich vor sich gehen.

Die Lokomotiven mit Stahlfeuerbüchsen sind an den Seitenwänden des Führerhauses neben dem Gattungsschild durch eine rote, mit einem „H" versehene Kreisfläche von 100 mm Durchmesser kenntlich gemacht.

Um plötzliche Schäden an Stahlfeuerbüchsen zu vermeiden, hat das Lokomotivpersonal folgendes zu beachten:

Vor der Fahrt:

1. Beim Anheizen der Lokomotive ist der Rost gleichmäßig mit Brennstoff zu beschicken, damit die Feuerbüchse in allen Teilen gleichmäßig erwärmt wird. Rasches Anheizen unter Zuhilfenahme eines Hilfsbläsers ist möglichst zu vermeiden.
2. Zum Speisen des Kessels im Schuppen und bei geschlossenem Regler darf nur die Dampfstrahlpumpe, und möglichst mit Unterbrechungen, benutzt werden.
3. Bei der Fahrt vom Lokomotivschuppen an den Zug muß der Rost schon mit einer genügend hohen, gleichmäßig durchgebrannten Feuerschicht bedeckt sein, damit keine kalte Luft in die Feuerbüchse eintreten kann.

Während der Fahrt:

1. Beim Anfahren mit dem Zug ist auf eine gut durchgebrannte Feuerschicht zu achten, damit die ersten kräftigen Auspuffstöße beim Anfahren das Feuer nicht aufreißen und größere Mengen kalter Luft in die Feuerbüchse gelangen. Deshalb ist nach dem Anfahren das Feuer möglichst nicht eher zu beschicken, als bis der Führer die Steuerung etwas zurückgelegt hat und die Auspuffstöße schwächer geworden sind.
2. Das Feuer muß gleichmäßig und öfters, mit nicht zu großer Schaufelzahl, beschickt werden. Es dürfen keinesfalls Löcher im Feuer entstehen, da die hierdurch eintretende kalte Luft die hocherhitzte Feuerbüchswände abkühlt und schädliche Spannungen verursacht.
3. Das Offenhalten der Feuertür — insbesondere während der Fahrt mit geöffnetem Regler — zur Herabminderung der Dampfentwicklung und zur Vermeidung des Qualmens ist verboten.
4. Der Wasserstand im Kessel muß stets so hoch über „NW" stehen, daß auch bei Gefällwechsel — unter Berücksichtigung des scheinbaren Wasserstandes, der bei geöffnetem Regler bis zu 70 mm höher erscheint — die hinreichende Wassermenge über der Feuerbüchsdecke erhalten bleibt. Bei Stahlfeuerbüchsen kann schon eine kurzzeitige Überhitzung der Feuerbüchsdecke zu schweren Schäden (An- oder Ausglühen) führen. Das Wasser soll daher während der Fahrt möglichst gleichbleibend zwischen „NW" und halber Höhe des Wasserstandes gehalten werden.

5. Bei geschlossenem Regler darf die Speisepumpe nicht benutzt werden, da das Speisen kalten Wassers zu Wandrissen, Rohrlaufen und Stehbolzenbrüchen führt; es ist dann die Dampfstrahlpumpe mit Unterbrechungen zu benutzen. Nur bei Frostgefahr ist es zur Vermeidung des Einfrierens notwendig, die Pumpe mit höchstens vier Hüben in der Minute laufen zu lassen.
6. Der Dampfdruck im Kessel soll während des Betriebes nicht mehr als 3 atü unter den höchsten Betriebsdruck fallen. Das fortwährende Ergänzen des Kesselwassers muß stets dem jeweiligen Dampfverbrauch angepaßt werden. Nach Schließen des Reglers und während des Aufenthalts in Bahnhöfen ist die Dampfstrahlpumpe mit Unterbrechungen zu benutzen. Kurze Zeit nach starker Beanspruchung der Lokomotive (Befahren von Steilrampen) und Reglerschluß sind möglichst weder Speise- noch Dampfstrahlpumpe zu benutzen, damit der durch das plötzliche Aufhören der besonders starken Feueranfachung sowieso entstehende Wärmeabfall in den Feuerbüchswänden langsam eintritt.

Nach der Fahrt:

1. Während der Fahrt vom Zuge zum Lokomotivschuppen ist das Reinigen des Rostes verboten. Die Lokomotive soll möglichst mit hohem Betriebsdruck auf dem Schlackenkanal behandelt und auch im Schuppen abgestellt werden.
2. Die Rauchkammer ist vor dem Entschlacken zu reinigen, da sonst durch den unbedeckten Rost zuviel kalte Luft in die Feuerbüchse tritt. Aschkastenklappen, Bodenklappen und Feuertür sind geschlossen zu halten. Während des Rauchkammer- und Feuerreinigens ist der Bläser nur soweit wie unbedingt notwendig zu öffnen. Lokomotiven mit unbedecktem Rost sollen nicht mehr zum Verschiebedienst benutzt werden.
3. Nach dem Reinigen des Feuers ist das Reservefeuer so anzulegen, daß sowohl an der Rohrwand und den Feuerbüchsseitenwänden als auch an der Rückwand brennende Kohlen vorhanden sind.
   Während der „Ruhe im Feuer" sind Aschkastenklappen und Feuertür unbedingt geschlossen zu halten. Wird die Lokomotive sofort für die nächste Fahrt vorbereitet, so ist der ganze Rost mit brennender Kohle zu belegen.
4. Beim Abstellen der Lokomotive unter einem Einzelrauchabzug wird der Lokomotivschornstein zweckmäßig mit einem Blech, welches in der Mitte ein Loch von etwa 80 bis 100 mm Durchmesser hat, abgedeckt. Hiermit wird das Durchsaugen zu großer Mengen kalter Luft verhütet.
5. Der Kesseldruck soll nach dem Abstellen der Lokomotive im Schuppen den höchsten Betriebsdruck möglichst um nicht mehr als 4 atü unterschreiten. Das Kesselspeisen darf im Lokomotivschuppen nur mit der Dampfstrahlpumpe vorgenommen werden.

Die Festigkeit des für Stahlfeuerbüchsen verwendeten Stahls liegt um das Drei- bis Vierfache über der des Kupferblechs. Die höhere Festigkeit ermöglicht, die Wanddicke der Stahlfeuerbüchsen mit 10—11 mm auszuführen, während die der Kupferfeuerbüchse 14—16 mm beträgt. Ferner gestattet die höhere Festigkeit des Stahlblechs eine weitere Stehbolzeneinteilung wie bei kupfernen Feuerbüchsen, was bei höheren Kesseldrücken (20 atü und mehr) sehr wertvoll ist, da sonst bei Kupfer die Stehbolzenteilung zu eng würde.

5. Der Kessel der Lokomotivbaureihe 81

Wenn auch bei allen normalen Lokomotivkesseln die alte Stephenson'sche Grundform noch zu erkennen ist, so weichen aber doch die verschiedenen Bauarten derart voneinander ab, daß eine umfassende Beschreibung aller Konstruktionen in diesem Rahmen nicht möglich ist. Im Folgenden wird der Kessel der Lokomotivbaureihe 81 näher beschrieben (Bild 40 und 41). Bei der Baureihe 81 handelt es sich um eine vierfach gekuppelte Lokomotive für den Verschiebedienst auf Güterbahnhöfen für eine Höchstgeschwindigkeit von 45 km/h. Der Kessel gibt eine Dauerhöchstleistung von etwa 660 PS am Zughaken bei 40 km Stundengeschwindigkeit her. Bei der Höchstgeschwindigkeit von 45 km/h vermag die Lokomotive 1070 to in der Ebene zu befördern.

Der zylinderförmige **Langkessel** besteht aus zwei flußeisernen Schüssen, die teleskopartig übereinandergeschoben und durch eine doppelreihige Zickzacknietung miteinander verbunden sind. Er hat im vorderen Teil einen lichten Durchmesser von 1500 mm. Die Längsnaht der beiden Kesselschüsse ist als Doppellaschennietung ausgeführt. Die für 14 kg/cm² Betriebsdruck bemessene Wandstärke beträgt 14,5 mm.

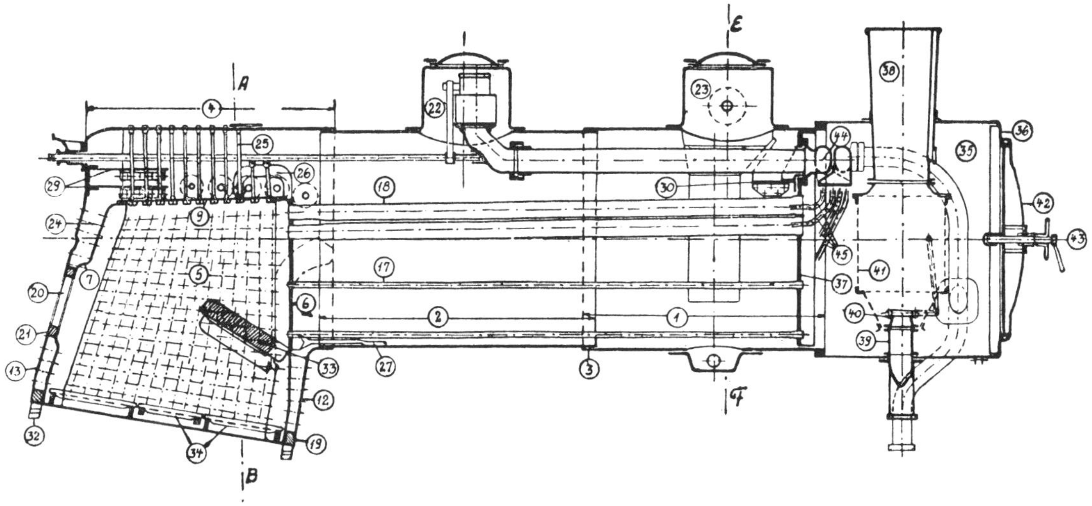

Bild 40. Kessel der Lokomotivbaureihe 81 (Längsschnitt)

1 Vorderer Kesselschuß
2 Hinterer Kesselschuß
3 Rundnaht
4 Hinterkessel
5 Feuerbüchse
6 Feuerbüchsrohrwand
7 Feuerbüchsrückwand
8 Feuerbüchsseitenwand
9 Feuerbüchsdecke
10 Feuerbüchsmantel
11 Stehkessel
12 Stehkesselvorderwand
13 Stehkesselrückwand
14 Stehkesselseitenwand
15 Stehkesseldecke
16 Stehkesselmantel
17 Heizrohr
18 Rauchrohr
19 Bodenring
20 Feuerloch
21 Feuerlochring
22 Reglerdom
23 Speisedom
24 Stehbolzen
25 Deckenstehbolzen
26 Bügelanker
27 Bodenanker
28 Queranker
29 Blechanker an der Stehkesselrückwand
30 Blechanker an der Rauchkammerrohrwand
31 Stehkesselträger
32 Schlingerstück
33 Feuerschirm
34 Roststäbe
35 Rauchkammer (Anordnung)
36 Rauchkammertürwand
37 Rauchkammerrohrwand
38 Schornstein
39 Standrohr
40 Blasrohr
41 Funkenfänger
42 Rauchkammertür
43 Verschluß zur Rauchkammertür
44 Dampfsammelkasten
45 Überhitzerrohrsatz

Im Langkessel zwischen der Feuerbüchs- und Rauchkammerrohrwand liegen 32 Rauchrohre von 110/118 mm Durchmesser in vier übereinander liegenden Reihen und darunter 114 Heizrohre von 39,5/44,5 mm Durchmesser. Die Kesselrohre sind aus weichem Flußstahl mit 2,5 und 4,0 mm Wandstärke nahtlos gewalzt. Sie sind am Feuerbüchsende etwas eingezogen, mit der dadurch entstandenen Schulter dicht an die Feuerbüchsrohrwand herangetrieben und eingewalzt. Durch das Einengen der Rohre an der Feuerbüchsrohrwand ergeben sich breitere Rohrwandstege, so daß die Rohrlöcher beim Ausbau schadhafter Rohre nachgearbeitet werden können und bei starkem Verschleiß auch Gewindebüchsen sich noch einziehen lassen. Das in der Feuerbüchse überstehende kurze Rohrende ist umgebördelt und bietet so einen Schutz gegen Abbrand und wirkt gleichzeitig als Verankerung der Rohrwand. Rauchkammerseitig sind die Rohre über den normalen Durchmesser hinaus etwas aufgeweitet, um sie beim Ausbau bequem entfernen zu können; sie sind auch hier dampfdicht eingewalzt; jedoch sind die überstehenden Rohrenden nicht umgebördelt.

Den vorderen Abschluß des Langkessels bildet die Rauchkammerrohrwand. Diese ist, um sie gegen Ausbeulungen zu schützen, im oberen Teil durch einen waagerecht angeordneten Blechanker gegen die Langkesselseitenwände und durch seitliche schräg nach oben laufende Winkel und Bleche versteift.

Der Langkessel trägt auf dem Scheitel zwei Dome, den hinteren Reglerdom und den vorderen Speisedom. Die Domausschnitte im Langkessel sind durch untergenietete Blechringe gegen Ausbeulungen und Anrisse versteift. In den zylindrischen Dommantel ist ein Stahlgußring eingenietet, auf den der Domdeckel dampfdicht aufgeschliffen ist. Die Domdeckel sind so groß bemessen, daß bei Untersuchungen und größeren Reparaturen im Kesselinnern man durch die Domöffnung in den Kessel einsteigen kann.

Der Dampfdom bezweckt, den Dampf möglichst hoch über der Wasseroberfläche des Kessels zu entnehmen, um möglichst trockenen Dampf zu erhalten. In ihm ist der Regler, mit dem der Lokomotivführer die Dampfzufuhr zur Dampfmaschine absperrt und regelt, eingebaut. Der Regler wird mittels der durch den Langkessel führenden Reglerwelle und dem Reglerhebel vom Führerstand aus bedient. Zur Trocknung des Dampfes vor seinem Eintritt in den Regler sind Umkehrbleche, der sogenannte Wasserabschneider, in den Dampfdom eingebaut. Der Dampf wird vom Regler durch das Reglerrohr zum Dampfsammelkasten geführt.

In den Speisedom münden die beiden Speiserohre der Dampfstrahlpumpen. Im Dampfdom befindet sich der Speisewasserreiniger; er hat den Zweck, dem eingespeisten Wasser die Kesselsteinbildner im Speisedom, weil sie dort wieder leicht entfernt werden können, zu entziehen.

Unterhalb des Speisedoms ist am Kesselbauch ein geräumiger, aus Blech gepreßter Schlammsammlertopf angenietet. Der an dieser Stelle sich absetzende Kesselschlamm kann leicht durch das hier angebaute Abschlammventil und die seitlich am Schlammsammler vorgesehenen Waschluken entfernt werden.

Am Boden des hinteren Langkesselschusses ist außen ein Steg zum Anschluß eines federnden Pendelbleches als Langkesselträger vorhanden.

Nach hinten schließt sich dem Langkessel der **Hinterkessel,** bestehend aus dem äußeren Stehkessel und der Feuerbüchse, an. Der im Mantelteil aus einem Stück bestehende Stehkessel ist im Scheitel zylindrisch dem Langkessel angepaßt; seine Seitenwände sind nach unten leicht eingezogen. Die Blechstärke ist im Mantel 14 mm, die der Stehkesselvorderwand 15 mm und die der Rückwand 14 mm. Die Rückwand ist zur Vorverlegung des Schwerpunktes schräg nach vorn geneigt und nur im oberen Teil senkrecht gehalten. Zum Schutz gegen Verformung ist die Stehkesselrückwand mit dem Mantel durch zwei übereinander liegende Blechanker verbunden. Über der Feuerbüchse ist der Stehkessel durch fünf Queranker aus Rundstahl gegen seitliches Aufbiegen versteift. Diese Queranker sind in kräftige am Mantel außen aufgenietete Untersätze eingeschraubt. Die kistenförmige Feuer-

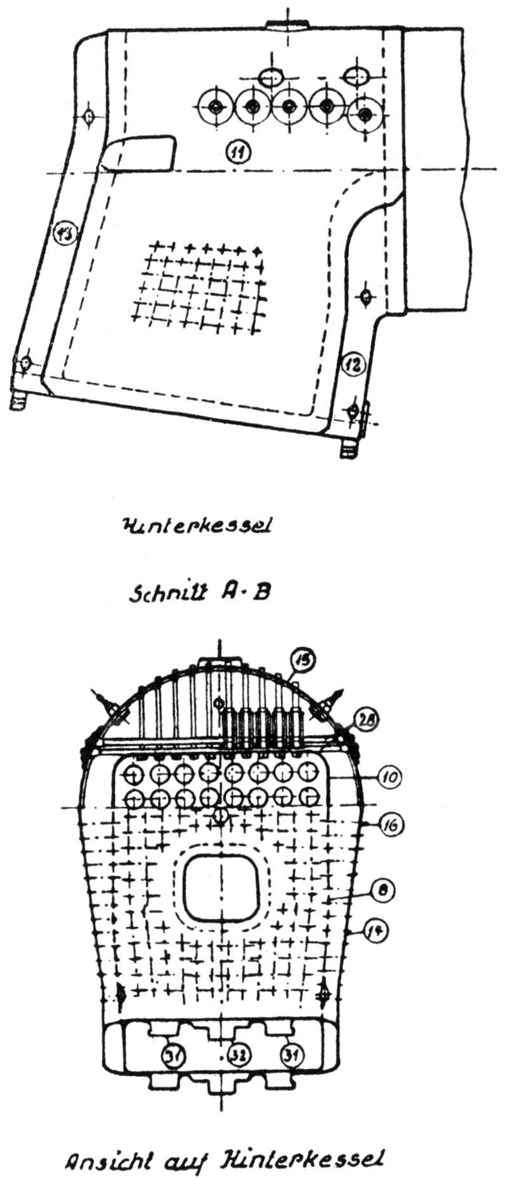

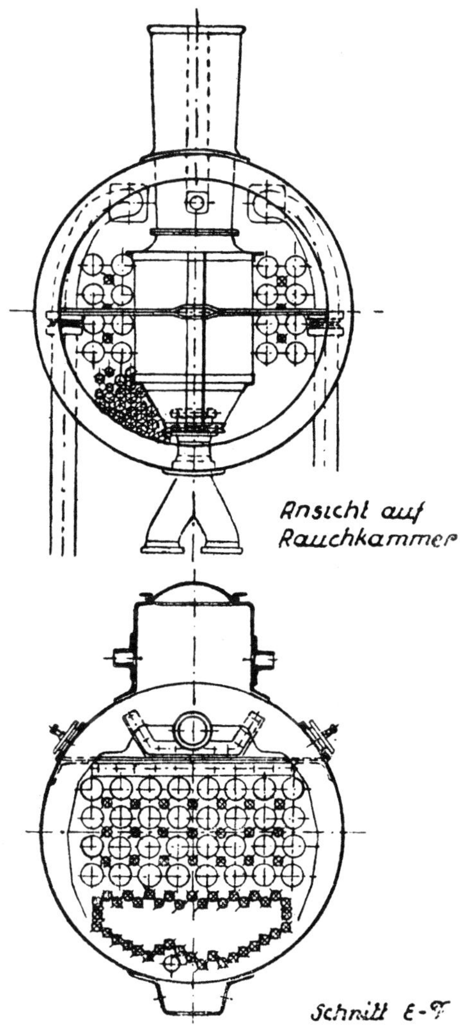

Bild 41. Kessel der Lokomotivbaureihe 81 (Hinterkessel und Querschnitt)

büchse besteht aus Kupfer. Sie ist von unten in den Stehkessel eingebaut. Die Feuerbüchsseitenwände verlaufen etwa senkrecht, so daß der seitliche Wasserraum sich nach oben etwas erweitert. Dadurch können die in den Seitenkammern des Stehkessels entwickelten Dampfbläschen, deren Menge nach oben hin zunimmt, gut nach oben abströmen, und den nach oben länger werdenden Stehbolzen ist eine größere Lebensdauer gesichert, da sie ohne Überanstrengung dem Wachsen der Feuerbüchse infolge der Temperaturveränderungen folgen können. Die Ecken der Feuerbüchse sind stark abgerundet. Die kupfernen Wandungen sind durchweg 14 mm dick.

Den unteren Abschluß des Stehkessels bildet der mittels doppelreihiger Zickzacknietung eingesetzte 90 mm hohe und 70 mm breite Bodenring. Er ist gleichzeitig das versteifend wirkende Verbindungsglied zwischen Feuerbüchse und Stehkessel. Der Bodenring besitzt vorn und hinten angeschmiedete Ansätze, mit denen der Kessel sich auf dem Rahmen abstützt. Hiervon befindet sich je einer auf Kessellängsmitte für die mit Keilnachstellung versehenen Schlingerstücke zur Sicherung des Kessels gegen seitliche Bewegungen und je zwei seitlich zur Verklammerung mit dem Rahmen, um ein Abheben des Kessels zu verhüten. Zur Erzielung eines spannungsfreien Sitzes wird der Bodenring erst eingenietet, nachdem alle Decken- und Seitenstehbolzen fest eingezogen sind.

Die Seitenwände und die Rückwand (Türwand) der Feuerbüchse sowie die untere Rohrwand sind durch Stehbolzen aus Hohlkupfer bei einer mittleren Feldteilung von 85 mm mit dem Stehkessel verbunden. Die Stehbolzen sind hohlgezogen, damit das Lokomotivpersonal gerissene Stehbolzen rasch erkennen kann. Die durchgehende Bohrung wird auf der Außenseite mittels kleiner Kegelstifte verschlossen, um das Einströmen überflüssiger Luft zu verhindern. Nach der Feuerseite hin bleiben die Stehbolzen offen. Gerissene Stehbolzen können bis zur Auswechslung feuerseitig durch einen Eisenstift abgedichtet (vernagelt) werden. Der Kessel darf nur solange weiter im Betrieb verbleiben, als nicht mehr wie zwei nebeneinander liegende Stehbolzen gerissen sind. Das Gewinde der Stehbolzen in den Stehkessel- und Feuerbüchswänden wird in einem Zuge durchgeschnitten. Die Stehbolzen werden in den Kesselwänden durch Aufweiten mit Stahldornen abgedichtet.

Die Feuerbüchsdecke wird durch eiserne Stehbolzen getragen, die unterhalb der Decke feuerseitig durch Muttern gesichert und gegen Abbrand geschützt werden. Die Feuerbüchsdecke ist flach nach hinten geneigt, um zu verhüten, daß bei Talfahrt auf steileren Strecken auch bei Einhaltung des niedrigsten Wasserstandes (NW) die Benetzung des hinteren Teils der Feuerbüchsdecke gewährleistet bleibt.

Der Stehkesselmantel ist oben seitlich durch innen angenietete Unterlagen so versteift, daß die äußeren Reihen der Deckenanker noch genügend voll ausgeschnittene Gewindegänge zur Abdichtung erhalten.

Im Betrieb wird die Feuerbüchsrohrwand am stärksten erwärmt und dehnt sich daher am meisten aus. Die Feuerbüchsdecke steigt infolgedessen vorn mehr auf als hinten. Normale Deckenstehbolzen würden deshalb hier auf die Dauer schlecht dichthalten. Um den durch die Wärmeausdehnung stark auf Biegung beanspruchten oberen Umbug der Rohrwand zu entlasten, wird das Vorderende der Feuerbüchse durch 10 Bügelanker getragen, die sich beim Ausdehnen der kupfernen Rohrwand ungehindert einstellen können. Die Bügelanker stützen sich vorn auf den Umbug der Rohrwand und sind hinten drehbar auf der dritten Deckenstehbolzenreihe gelagert.

Die Aussteifung der Stehkesselrückwand gegen die kupferne Feuerbüchse übernimmt neben den Stehbolzen der einreihig eingenietete Feuerlochring von 400×360 mm lichtem Durchgang.

Die 26 mm dicke Rohrwand ist unterhalb des Rohrspiegels auf 14 mm eingezogen. Sie ist gegen den Langkessel durch 14 Bodenanker, die mit der Rohrwand durch Nietschrauben verbunden und am Boden des Langkessels angenietet sind, versteift.

Die Hauptabmessungen der Feuerbüchse sind:

Obere lichte Länge	1270 mm
Untere lichte Länge	1680 mm
Obere lichte Breite	1144 mm
Untere lichte Breite	1072 mm
Höhe über Rost vorn	1582 mm
Höhe über Rost hinten	1284 mm

Die Gesamtheizfläche der Feuerbüchse beträgt feuerberührt 7,7 m^2.

Der Rost hat 1072 mm größte Breite und 1680 mm Länge. Die Rostfläche beträgt somit 1,78 m^2, sie ist unter 1 : 6,27 gegen die Waagerechte geneigt.

Der Rost besteht aus drei Rostfeldern mit genormten 450, 550 und 600 mm langen Roststäben. Die Stegstärke der Stäbe ist 16 mm, die Spaltbreite 14 mm. Die freie Rostfläche (für den Durchtritt der Luft) ergibt sich hierbei zu etwa 43 %. Im mittleren Rostfeld, also 550 mm von der Rohrwand entfernt, liegt ein nach unten abklappbares Kipprostfeld von 450 mm Länge und 0,28 m^2 Fläche. Die Kipproststäbe sind doppelstegig; gegen Abrutschen in der Schräglage sind sie durch besondere Bolzen mit Splinten gesichert. Das ganze Kipprostfeld stützt sich auf Arme an einer unterhalb des Bodenringes gelagerten Querwelle, die mit Spindelantrieb vom Heizerstand aus bedient wird. Beim Öffnen schlägt der Kipprost nach vorwärts herunter, so daß durch das Feuerloch die Rückstände leicht nach vorn durch den Kipprostspalt in den geräumigen Aschkasten gestoßen werden können.

Der Aschkasten ist zwischen den beiden letzten Kuppelradsätzen der Lokomotive angeordnet. Die Bodenfläche besteht aus zwei nahe dem Schwerpunkt aufgehängten Klappen, die durch einen gemeinsamen Zug vom Heizerstand aus betätigt werden. In der Verschlußstellung können die Klappen durch eine Riegelwelle gesichert werden. Die Knaggen der Riegelwelle fassen an der vorderen Klappe an sie werden über eine Zugstange und einen selbstsperrenden Hebel mit Gewicht angezogen. Dieser ist in Höhe der Rahmenoberkante zwischen den beiden Kuppelradsätzen gelagert. Durch die Bedienung der Riegel von ebener Erde aus wird der Heizer veranlaßt, beim Verriegeln sich selbst durch Inaugenscheinnahme zu überzeugen, ob die Riegel tatsächlich einschnappen.

Der Aschkasten hat außerdem vorn und hinten vom Führerstand aus bedienbare Luftklappen. Um zu vermeiden, daß glühende Ascheteile auf die Strecke fallen können, ist über der Klappe ein schräges Schutzblech im Kasten vorgesehen. Der untere Teil der Klappenöffnung ist mit einem Schutzsieb ausgestattet. Zum Nässen der Schlacke ist an beiden Längsseiten des Aschkastens je ein Spritzrohr vorgesehen, das mittels zahlreicher Löcher den ganzen Aschkastenraum bestreicht.

In der Feuerbüchse ist anschließend an die Feuerbüchsrohrwand über den vorderen Teil des Rostes ein Feuerschirm aus Chamottesteinen eingebaut. Er hat den Zweck, ein zu schnelles Abströmen überschüssiger Luft zu verhindern und eine bessere Vermischung mit den unverbrannten Gasen zu erzwingen und dadurch eine vollkommenere Verbrennung und somit eine höhere Verbrennungstemperatur zu erreichen. Außerdem dient er als Wärmespeicher und auch gewissermaßen als Funkenfänger, indem mitgerissene Kohlenteilchen an ihm abprallen. Der Feuerschirm stützt sich beiderseits an den Feuerbüchswänden auf Flacheisenschienen ab, die je an drei hohlgebohrten Stehbolzen durch von außen zugängliche Schrauben gehalten werden.

Die vor dem Langkessel liegende **Rauchkammer** ist 1390 mm lang und hat 1630 mm Außendurchmesser. Sie ist mittels eines Zwischenringes von 40,5×60 mm Querschnitt an dem Langkessel angenietet. Der zylindrisch gewalzte flußeiserne Rauchkammermantel ist 10 mm stark.

Die Rauchkammer wirkt als Saugwindkessel auf die Feueranfachung. Sie dient gleichzeitig zur Aufnahme der aus der Feuerbüchse mitgerissenen Flugasche.

Der zur Feueranfachung erforderliche Saugzug wird durch den Abdampf aus den Zylindern erzeugt. Der Abdampf wird durch das in der Rauchkammer gleichachsig unter dem Schornstein befindliche düsenförmige **Blasrohr** in den Schornstein und weiter ins Freie gestoßen. Der ausströmende Dampf saugt die Gase aus der Umgebung des Blasrohrs durch den Schornstein mit ins Freie. Der hierbei in der Rauchkammer sich bildende Unterdruck saugt die zur Verbrennung auf dem Rost erforderliche Luft durch den Aschkasten, den Rost, die Feuerschicht und die Kesselrohre nach. Die stoßweise Saugwirkung der einzelnen Dampfschläge wird in der als Windkessel wirkenden Rauchkammer ausgeglichen. Da mit wachsender Größe der Rauchkammer ihre ausgleichende Wirkung auf den Saugzug und dessen gleichmäßige Verteilung über alle Kesselrohre sich verbessert, ist der Rauchkammerdurchmesser größer als der des Langkessels. Letzteres hat auch den Vorteil, daß sich die unteren Heizrohre nicht so leicht mit Lösche zusetzen.

Der oben auf der Rauchkammer sitzende leicht keglig ausgebildete gußeiserne Schornstein ragt 500 mm in die Rauchkammer hinein. Für eine gute Feueranfachung muß der Schornstein eine ganz bestimmte Weite und die Blasrohroberkante einen durch Versuche genau bestimmten Abstand von der Schornsteinmündung haben.

Die Größe des Unterdrucks in der Rauchkammer und die sich daraus ergebende Stärke der Feueranfachung richtet sich bei dieser unverstellbaren Saugzuganlage nach dem Dampfverbrauch der Lokomotive. Je mehr Abdampf bei schwer arbeitender Maschine durch das Blasrohr strömt, desto größer wird der Unterdruck in der

Rauchkammer und entsprechend mehr Luft wird durch den Rost angesaugt. Voraussetzung ist hierbei, daß die Urmaße vom Blasrohr und Schornstein und deren Lage und Entfernung zueinander unverändert erhalten bleiben. Ferner muß die Rauchkammer in allen Teilen vollkommen luftdicht sein, damit die Saugwirkung nicht durch falsche Luft abgeschwächt wird.

Um mit einer brennstoffsparenden, möglichst niedrigen Feuerschicht auszukommen, sind an der Saugzuganlage folgende Hauptabmessungen festzuhalten:

Blasrohrdurchmesser	110 mm
Schornsteindurchmesser an der engsten Stelle	370 mm
Schornsteindurchmesser an der weitesten Stelle	455 mm
Entfernung: Blasrohroberkante bis Kesselmitte	525 mm
Blasrohroberkante bis Schornsteinunterkante	933 mm
Schornsteinhöhe (vom engsten zum weitesten Querschnitt)	1057 mm

Damit das Wasser beim Auswaschen leicht ablaufen kann, ist an der tiefsten Stelle des Rauchkammerbodens ein Abflußstutzen angebracht. der während des Betriebes mit einer Überwurfmutter verschlossen gehalten wird.

Zum Schutze gegen Ausglühen durch Rauchkammerlösche ist der Rauchkammerboden mit Zement ausgegossen.

Die doppelwandig ausgeführte Rauchkammertür legt sich gegen einen besonderen Ring mit sauber abgedrehter Dichtfläche an der Rauchkammertürwand. Die einseitig drehbar eingehängte Tür wird durch einen Mittelverschluß und 6 am

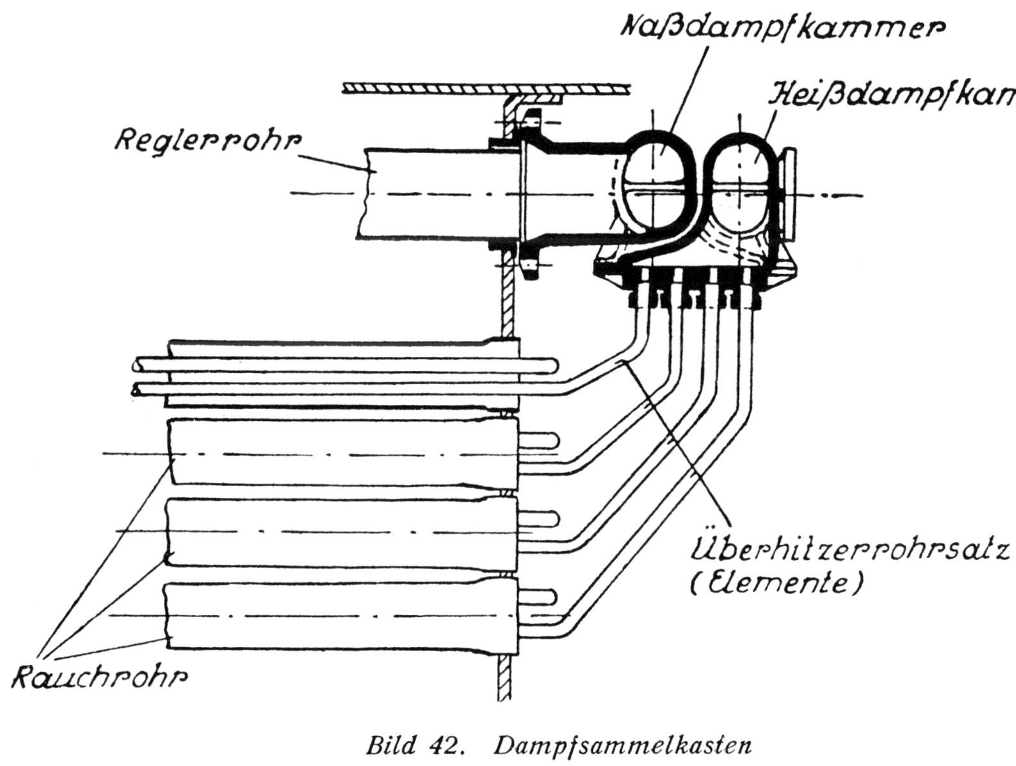

Bild 42. Dampfsammelkasten

Umfang verteilte Vorreiber luftdicht gehalten. Der waagerechte Verschlußbalken ist auf beiden Seiten mit dem Rauchkammermantel verschraubt und verhütet ein Verdrücken der als Tragorgan des Langkessels dienenden Rauchkammer. Der Mittelverschluß besteht aus einer Spindel mit Handrad und einem verstellbaren Riegel. Beim Schließen wird der Riegel in den Schlitz des Verschlußbalkens geschoben, senkrecht gestellt und mit dem Spindelhandrad angezogen. Das gewölbte Rauchkammertürblech ist mit dem Futterblech und einem vierkantigen Zwischenring gut gegen Verwerfen gesichert. Am unteren Teil ist innen ein schräg gestelltes Schutzblech angesetzt, um die Tür gegen Ausglühen und Verziehen durch Rauchkammerlösche zu schützen.

In die Rauchkammer sind eingebaut:

der Dampfsammelkasten des Überhitzers mit den Überhitzerelementen,
die Einströmrohre zu den Dampfzylindern,
das Standrohr und Blasrohr,
der Hilfsbläser,
der Funkenfänger,
die Rauchkammerspritzeinrichtung.

Hinter dem Reglerrohr wird der Dampf erst in die Naßdampfkammer des gußeisernen **Dampfsammelkastens** geführt. Von hier aus strömt der Naßdampf in die einzelnen Überhitzerelemente ab und sammelt sich wieder als überhitzter Dampf mit einer Temperatur von über 300 °C in dem getrennt angeordneten Heißdampfkasten (Bild 42). Wechselweise greifen die Anschlußkanäle beider Kästen fingerförmig zwischeneinander mit nach unten gerichteten Öffnungen für die Überhitzereinheiten (oder -Elemente). Die beiden gießtechnisch einfach geformten Kästen haben den Vorteil, daß eine Rückkühlung des überhitzten Dampfes von der Trennwand der Naßdampfkammer aus nicht mehr stattfindet.

Der Überhitzer selbst besteht aus 32 Einheiten aus gezogenem Flußstahlrohr von 23/29 mm Durchmesser und insgesamt 33 m² Heizfläche. Je vier Rohre bilden eine Überhitzereinheit, indem sie zu zwei Schlangen zusammengefaßt sind, von denen die erste aus der Naßdampfkammer kommende Schlange bis auf 450 mm, die andere bis auf 300 mm an die Feuerbüchsrohrwand herangeführt ist. Die vorderen Umkehrenden an der Rauchkammer sind um 400 mm zurückgelegt, so daß eine Rückkühlung ausgeschlossen ist. Die Rohrenden der Überhitzerelemente sind am Sammelkasten in einen gemeinsamen Flansch eingewalzt und mittels zwischengelegter Dichtringe am Dampfsammelkasten angeschraubt. In den Rauchrohren sind die Überhitzereinheiten durch besondere Abstandhalter festgelegt, um sie freischwebend zu halten, damit sie stets gleichmäßig von den Verbrennungsgasen umspült werden. Die Naßdampfkammer ist, unter gleichzeitiger Benutzung der doppelseitigen Linsendichtung des Reglerrohrs, an die Rauchkammerrohrwand angeflanscht.

Die Heißdampftemperatur wird mit einem elektrischen Fernthermometer im Schieberkasten gemessen und auf dem Führerstand angezeigt.

Beiderseits seitlich an die Heißdampfkammer schließen sich die den Heißdampf zu den Dampfzylindern führenden Einströmrohre an. Sie sind seitlich unten durch den Rauchkammermantel geführt. Die Durchführung im Rauchkammermantel ist mit kupfernen Paßblechen abgedichtet.

Die beiden Ausströmleitungen der Dampfzylinder sind in dem unterhalb der Rauchkammer liegenden Ausströmzweigrohr zusammengeführt. Auf letzterem sitzt das Standrohr mit dem unverstellbaren Blasrohr. Der Zweck des Blasrohrs, den Abdampf durch die Rauchkammer in den Schornstein zu führen und die Feueranfachung damit zu erreichen, ist schon vorher beschrieben worden.

Da der Abdampf nur während der Fahrt unter Dampf das Feuer anfacht, ist zur Feueranfachung bei stillstehender oder leerlaufender Lokomotive ein **Hilfsbläser** angebracht. Er besteht aus dem Ringrohr, mit kleinen auf dem Umfang gleichmäßig verteilten, nach dem Schornstein gerichteten Bohrungen, in Höhe der Blasrohrmündung und dem vom Führerstand (Heizerseite) aus bedienbaren Dampfabsperrventil.

Wird das Ventil zum Hilfsbläser geöffnet, so strömt der Dampf aus dem Bläser in Schornsteinrichtung und bildet dabei einen Kegelmantel um die gemeinsame Schornstein-Blasrohrachse. Die Feueranfachung ist hierbei der Art nach die gleiche, nur in der Stärke schwächer, wie die des vollen Dampfkegels, der sich bei unter Dampf arbeitender Lokomotive über dem Blasrohr bildet. Normalerweise kommt man auch bei Benutzung des Hilfsbläsers mit einer wesentlich geringeren Dampferzeugung aus.

Um den kalten Kessel beschleunigt anheizen zu können, ist zwischen der Dampfleitung zum Hilfsbläser und der Dampfheizleitung eine abschließbare Verbindung vorgesehen, so daß aus einem anderen unter Druck stehenden Kessel Dampf für den Hilfsbläser über die Heizleitung entnommen werden kann.

Um zu vermeiden, daß die kleineren glühenden Kohleteilchen, die durch den von der Rauchkammer ausgehenden kräftigen Saugzug mitgerissen werden, ins Freie gelangen können und dort Brandgefahr verursachen, ist ein **Funkenfänger** in die Rauchkammer eingebaut. Der Funkenfänger ist im oberen Teil zylindrisch und unten, in dem das Blasrohr und den Bläser umfassenden Teil kegelförmig ausgebildet. Er besteht aus Winkeleisen- und Flacheisenrahmen, die mit Drahtgeflecht von 6 mm Maschenweite überspannt sind. Der Funkenfängerkorb ist zweiteilig von der Mitte aus nach den Seiten hin aufklappbar und leicht pendelnd am Schornstein aufgehängt. Die beiden Hälften werden durch Riegel zusammengehalten; sie werden zum Reinigen des Blasrohrs und der Heiz- und Rauchrohre nach den Seiten gedreht und in dieser Stellung mit Haken am Rauchkammermantel aufgehängt. Durch das Pendeln während der Fahrt soll der Funkenfänger sich selbst von Flugasche reinigen.

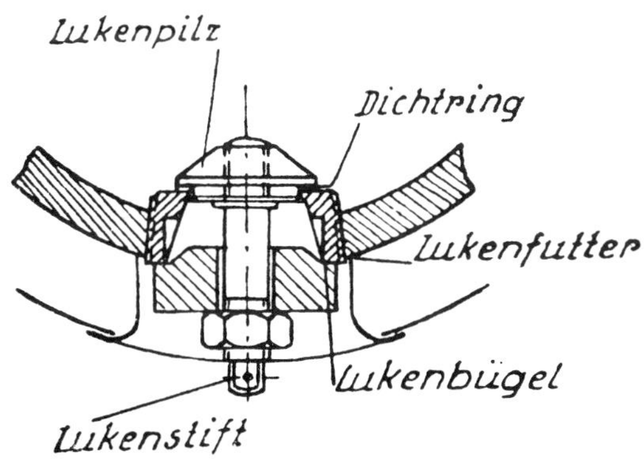

Bild 43a. Kleine Waschluke mit eingeschraubtem Rotgußfutter

Der Funkenfänger bietet mit seinem 6 - mm - Maschensieb keinen vollkommen sicheren Schutz gegen jede Brandgefahr. Kleinere Funken mit weniger großer Zündkraft werden immer noch zum Teil ins Freie mitgerissen. Das Lokomotivpersonal muß daher, insbesondere während der warmen und trockenen Jahreszeit, durch entsprechend vorsichtige Feuerbehandlung auf stark brandgefährdeten Strecken den Funkenauswurf weitestgehend einschränken (nicht feuern und das Schürgerät nicht benutzen).

Zum Nässen der Flugasche ist im vorderen Teil der Rauchkammer ein **Einspritzrohr** mit nach unten gerichteten kleinen Bohrungen quer angeordnet. Um die untere Rauchkammertür und den Rauchkammerboden gegen zu große Erwärmung und Ausglühen zu schützen, muß die meist glühend in die Rauchkammer gelangende Flugasche von Zeit zu Zeit abgelöscht werden. Die Näßeinrichtung wird durch ein Ventil vom Führerstand aus bedient. Das Spritzwasser wird von einer der beiden Dampfstrahlpumpen zugeführt. Die Näßeinrichtung soll nur bei geschlossenem Regler benutzt werden. Die Saugwirkung des Auspuffdampfes würde andernfalls das Spritzwasser durch den Funkenfänger reißen und die Öffnungen des Maschensiebes würden sich leicht zusetzen.

Mit dem Kesselspeisewasser gelangen gelöste Mineralien und andere Unreinigkeiten in den Kessel, die als Kesselschlamm und Kesselstein in Erscheinung treten. Diese Verunreinigungen müssen, um den Kessel betriebsfähig und betriebssicher zu erhalten, durch periodisches Auswaschen entfernt werden. Die Länge der Auswaschfristen richtet sich nach der Kesselbelastung (Menge des verdampften Wassers) und der Härte des Kesselspeisewassers. Um den Kessel auszuwaschen und im Innern besichtigen und untersuchen zu können, sind insgesamt 18 **Waschluken** eingebaut. Diese 18 Waschluken sind so angeordnet, daß alle Flächen, an denen sich Schlamm und Kesselstein absetzt, mit den Auswaschwerkzeugen erreicht werden können. Der zu entfernende Kesselstein und -Schlamm wird durch die unteren Luken aus dem Kessel herausgespült.

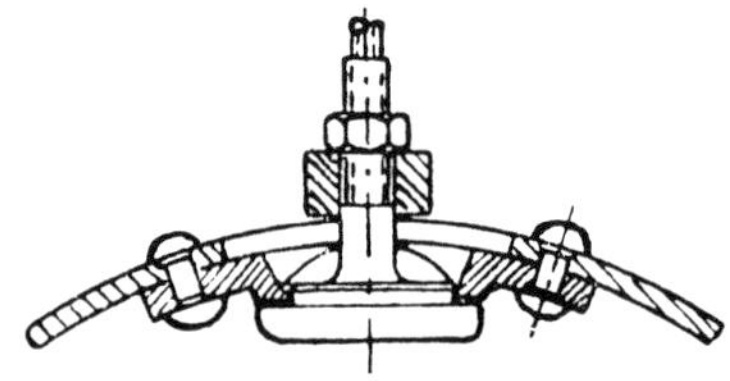

Bild 43 b.
Große Waschluke mit Pilz

Die Luken verteilen sich wie folgt:

Kleine Luken mit eingeschraubtem Sitz und ovalem Pilz (Bild 43 a):

1 in der Rauchkammerrohrwand,
2 am Schlammsammler,
1 über dem Feuerloch in der Stehkesselrückwand,
4 im Umbug der Stehkesselrückwand,
4 im Umbug der Stehkesselvorderwand.

Große Luken mit Futter, das von innen am Kesselmantel angenietet ist, und ovalem Pilz 110×85 mm (**Bild 43 b**):

4 im oberen Teil des Stehkesselmantels, zur Reinigung der hinteren Rohrwand und der Feuerbüchsdecke.

Große Luken mit außen aufgenietetem Untersatz und Deckel:

2 seitlich unterhalb des Speisedoms zum Reinigen der Taschen des Schlammsammlers.

In früheren Jahren bestanden die eingeschraubten kleinen Lukenfutter allgemein aus Rotguß oder Preßmessing. In Heimstoffausführung werden solche jetzt aus Stahl angefertigt. Die Lukenpilze, die früher aus einem stählernen Lukenstift und einem eingeschraubten und wasserseitig vernieteten Lukenteller aus Rotguß oder Preßmessing bestanden, werden jetzt als Heimstoffausführung in einem Stück aus Stahl hergestellt. Die großen Luken mit von außen aufgenietetem Untersatz und Deckel sind aus Stahl gefertigt.

6. Ausrüstungsteile zum Kessel der Lokomotivbaureihe 81

Unter Kesselausrüstung im weiter gefaßten Sinne sind alle Teile zu verstehen, die zum Betrieb und zur Bedienung des Kessels an den nackten Kessel (Langkessel, Hinterkessel und Rauchkammer) angebaut sind.

Man unterscheidet der Bauart nach:

Die **Grobausrüstung,** bestehend aus: Stehkesselträger und Schlingerstückführung, Feuertür und Feuerlochschoner, Feuerschirm, Rostlagen und Kipprost, Aschkasten, Waschluken, Dampfregler und Schlammsammler.

Die **Feinausrüstung,** bestehend aus: Speisepumpen, Kesselspeiseventilen und Feuerlöschstutzen, Sicherheitsventil, Wasserstandsanzeiger, Druckmesser, Heißdampffernthermometer, Dampfpfeife, Näßeinrichtung für Kohlenspritze, Rauchkammer und Aschkasten, Dampfabsperrventile und Dampfentnahmestutzen.

Die für einen sicheren Betrieb der Lokomotivkessel erforderlichen Ausrüstungsteile sind gesetzlich vorgeschrieben. Sie sind im § 36 Absatz 1 der Eisenbahn-Bau- und Betriebsordnung (abgekürzt BO) bindend niedergelegt.

Um den Stehkessel gut zugänglich zu machen und den Aschkasten frei entwickeln zu können, ist der Bodenring 250 mm über dem Barrenrahmen angeordnet. Die beiden Stahlgußbrücken, die als Kesselträger dienen und gleichzeitig zur Querversteifung des Rahmens beitragen, sind entsprechend hochgezogen. Am Bodenring des Kessels ist vorn und hinten in Rahmenlängsmitte das **Schlingerstück** und

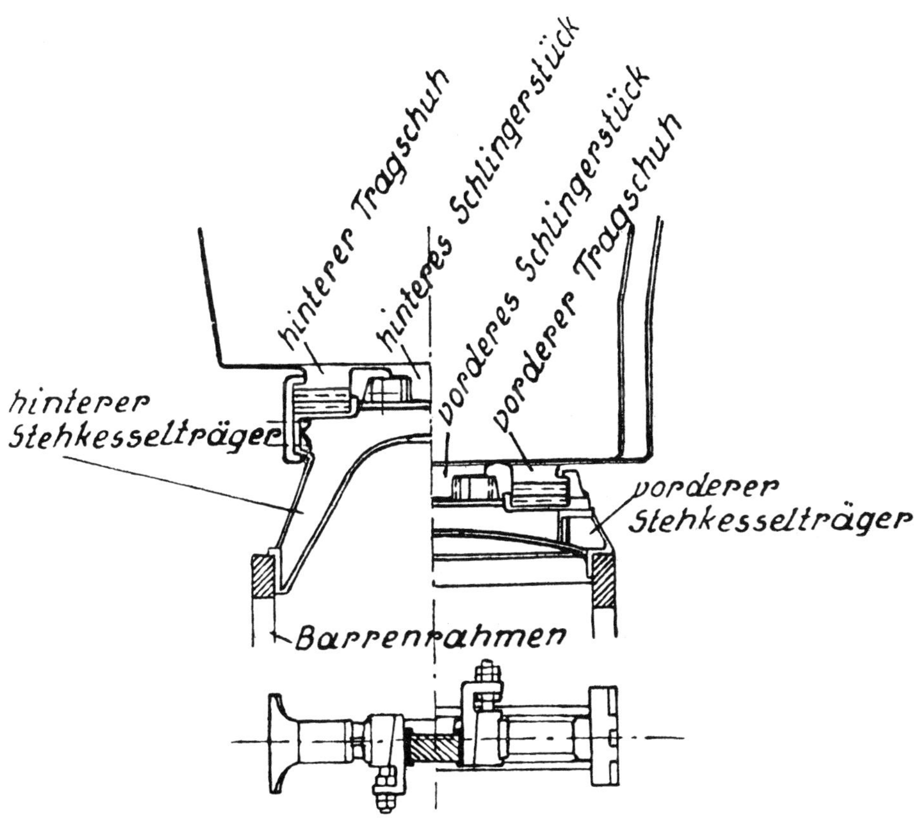

Bild 44. Schlingerstückführung und Stehkesselträger

beiderseits davon je ein hakenförmiger Ansatz angeschmiedet. Das Schlingerstück (Bild 44) verhindert seitliche Bewegungen des Kessels. Die seitlichen hakenförmigen Ansätze, auch Tragschuhe genannt, dienen zur Abstützung des Hinterkessels auf die beiden Kesselträger; sie haben ferner mittels besonderer seitlicher Klammern ein Abheben des Kessels zu verhindern. Beide Kesselträger sind in Rahmen-Längsmitte als Lager für die Schlingerstücke ausgebildet, und zwar so, daß eine Verschiebung nur in Kessellängsrichtung möglich ist. Die Seitenbewegung ist durch nachstellbare Gleitplatten verhindert. Außen an den Kesselträgern sind Klammern befestigt, die den Kessel gegen Abheben von den Auflagern schützen. Eingelegte Gleitschuhe aus Stahl und auswechselbare Gleitplatten aus Rotguß verhindern eine Abnutzung der Tragschuhe und Stehkesselträger bei der Hin- und Herbewegung des Kessels in Längsrichtung. Das Öl zum Schmieren der Gleitflächen wird durch die Gleitschuhe zugeführt. Im Betrieb ist darauf zu achten, daß die Schlingerstücke fest genug gehalten werden.

Die als **Feuertür** verwendete Kipptür der Bauart Marcotty (Bild 45) dreht sich um eine oberhalb des Feuerloches liegende waagerechte Achse und schlägt beim Öffnen nach dem Innern der Feuerbüchse auf. Die Tür hat den Vorteil, daß sie bei einem entstehenden Überdruck (Platzen von Kesselrohren) sich von selbst schließt. Ferner wird hierbei das Feuer mit selbsttätig gesteuerter Oberluft versorgt.

Die Feuertür der Bauart Marcotty ist mit einer Frontplatte an der Stehkesselrückwand angeschraubt. Das hierauf angebrachte Türgeschränk besteht neben der Kipptür mit zwei Gegengewichten und Handgriffen beiderseits der Türöffnung aus je einem Lufteinlaßkanal, durch die auch bei geschlossener Tür in beschränktem Umfang Oberluft in den Verbrennungsraum eintreten kann. In die seitlichen Luftkanäle sind leichte Drosselklappen eingebaut, die nur Luftdurchgang in Richtung zur Feuerbüchse gestatten. Bei zu großem Unterdruck in der Feuerbüchse: wenn das Feuer stark verschlackt ist, bei zu fest liegender oder zu hoher Feuerschicht und beim Anfahren infolge der starken Dampfschläge — also wenn zu wenig Luft durch das Feuerbett tritt oder der Luftbedarf für das Feuer besonders groß ist, heben sich die Drosselklappen und lassen zusätzlich Oberluft eintreten, um eine vollkommenere Verbrennung zu erreichen. Das Türblech wird nach der Feuerseite zu durch ein Schutzblech gegen Abbrand geschützt.

Zum Schutz der Türwand, des Feuerlochringes und der Nietköpfe gegen die abzehrende Einwirkung des Feuers und gegen Beschädigungen bei der Feuerbearbeitung ist ein gußeiserner **Feuerlochschoner** eingebaut, der bei einigen Kesseln nur die untere Seite umfaßt, aber bei den meisten Kesseln das ganze Feuerloch auskleidet. Der dauernd durch die Luftkanäle der Marcotty - Kipptür hindurchtretende schwache Luftstrom kühlt den Feuerlochschoner ebenso wie den Feuerlochring und schützt diese wirksam gegen Strahlwärme.

Der Feuerschirm, die Rostlagen mit Kipprost, der Aschkasten und die Waschluken sind schon im Abschnitt 5 beschrieben worden.

Im hinteren Dom des Langkessels ist ein Ventilregler (Dampfregler oder Regulator) der Bauart Schmidt & Wagner, wie ihn Bild 46 a zeigt, eingebaut. Der **Dampfregler** ermöglicht es dem Lokomotivführer, den Dampf den Schieberkästen zuzuführen und ihn je nach Bedarf der Menge nach zu regeln oder durch Schließen

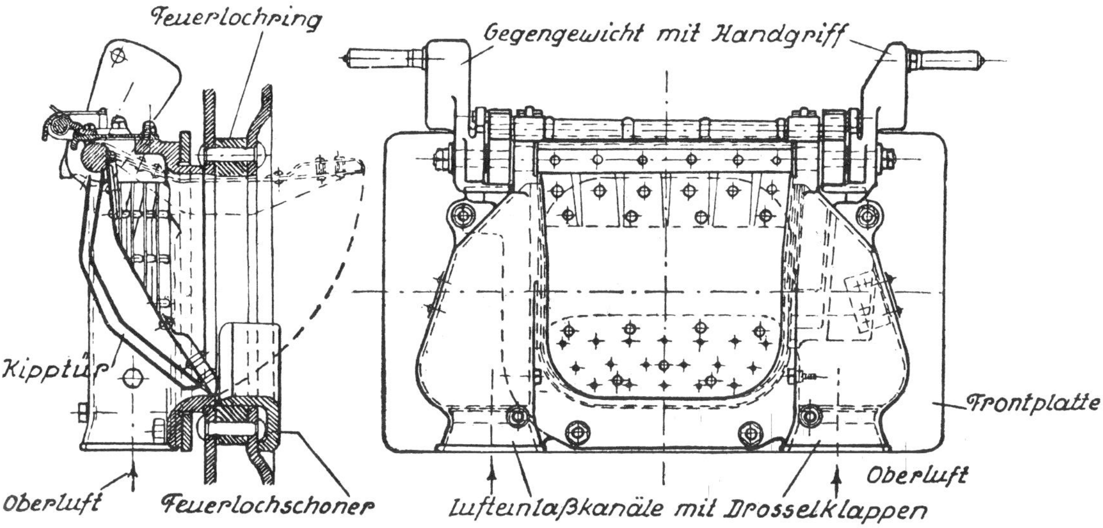

Bild 45. Marcotty-Feuertür

des Reglers seinen Zutritt zum Schieberkasten ganz zu unterbinden. Der Regler ist hoch im Dom angeordnet, um den Dampf möglichst trocken zu entnehmen.

Das im zweiteiligen Gehäuse 1, 2 geführte Hauptventil 3, das mit dem Gehäuseteil 1 die Kammer A umschließt, hat am oberen Rande einen größeren Durchmesser als am unteren. Es ist also als Differentialventil ausgebildet, dessen Kolbenring 6 die Kammer A gegen den zwischen dem Gehäuse 1, 2 und dem Hauptventil 3 vorhandenen Ringraum C abschließt. Außerdem ist die Kammer A durch das auf dem Boden des Hauptventils 3 gelagerte und mit der Spindel 5 verbundene Hilfsventil 4 gegen das Reglerknierohr B abgeschlossen.

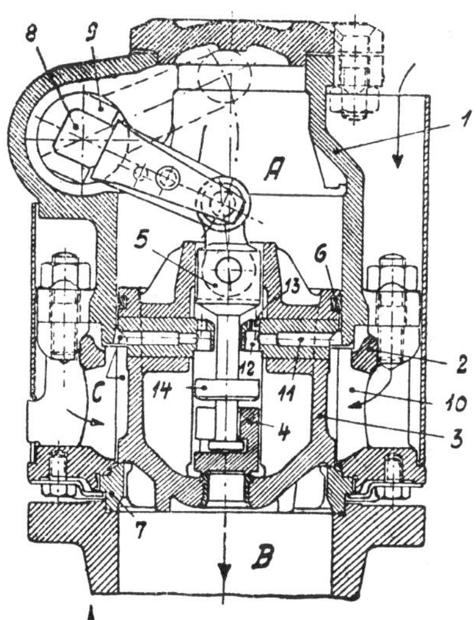

Reglerknierohr

Bild 46 a.

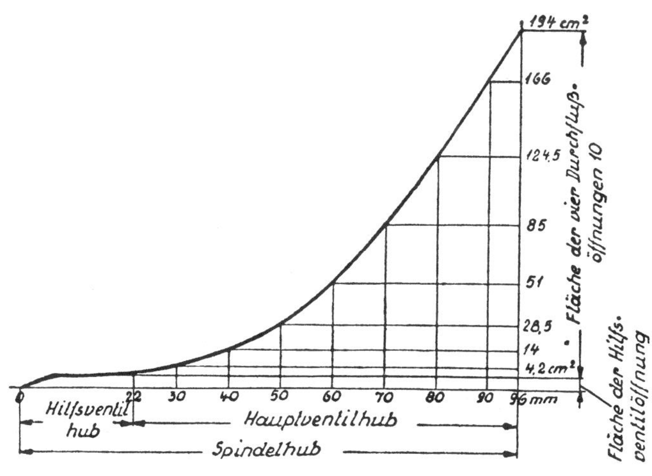

Bild 46 d. Fläche der Ventileröffnung

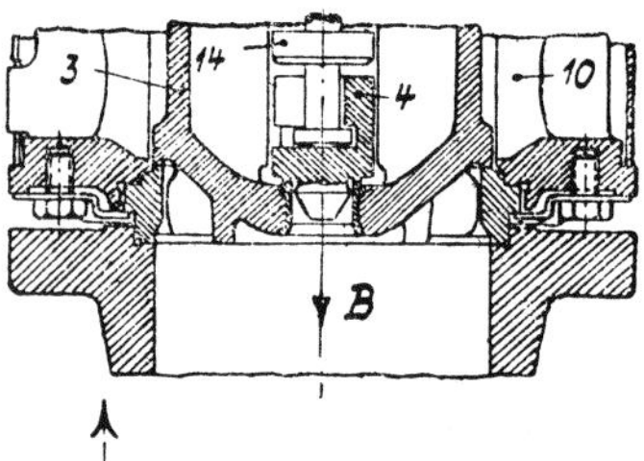

Bild 46 b.
Unterseite des Hilfsventils

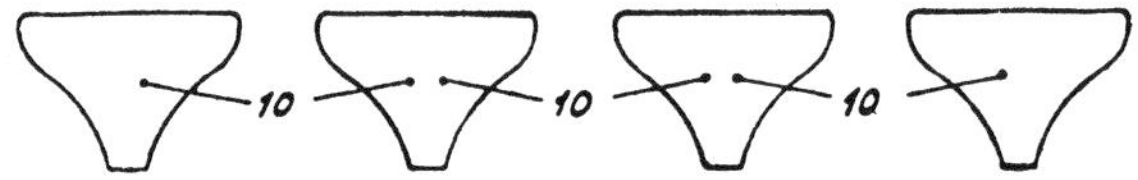

Bild 46 c.
Dampfeintrittsöffnungen im Reglergehäuse

Bild 46 a—d. Ventilregler Bauart Schmidt & Wagner

Zum Öffnen und Schließen des zwischen Rippen geführten Hilfsventils 4 dient die im Gehäuseteil 1 gelagerte Welle 8; sie ist durch den Hebel 9 mit der Spindel 5 und durch das Reglergestänge mit dem Reglerhandhebel verbunden.

In der Abschlußlage dieses Hebels ruht das Hauptventil 3 auf dem Ventilsitz 7, der dampfdicht auf dem Knierohr B aufgeschliffen ist.

Der Ringraum C ist durch die im Gehäuseteil 2 vorhandenen großen Öffnungen 10 mit dem Dampfraum des Kessels und durch die im Hauptventil 3 gelagerten beiden Speiserohre 11 mit der Kammer A verbunden. Infolgedessen herrscht in ihr, solange sie durch das Hilfsventil gegen das Reglerrohr abgeschlossen ist, der gleiche Dampfdruck wie im Ringraum C und im Kessel.

Im Ringraum C erzeugt der Kesseldruck durch die Belastung der kleinen Unterseite des Differentialkolbens eine Auftriebskraft, die das Bestreben hat, das Hauptventil 3 aus der im Bild 46 a dargestellten Abschlußlage aufwärts zu treiben, also zu öffnen.

Dem wirkt die Schließkraft entgegen, welche sich zusammensetzt aus dem Gewicht des Hauptventils und dem Kesseldruck in Kammer A, der auf die Oberseite des Hauptventils 3 drückt.

Von diesen beiden auf das Hauptventil 3 einwirkenden Kräften ist nur die Auftriebskraft unveränderlich, weil die im Gehäuseteil 2 vorgesehenen großen Durchflußöffnungen 10 einen Druckunterschied zwischen Kessel und Ringraum C verhindern.

Die Schließkraft nimmt dagegen sofort stark ab, wenn die durch den Handhebel aufwärts bewegte Spindel 5 die Kammer A durch Öffnen des Hilfsventils 4 mit dem Knierohr B verbindet. Der in der Kammer A vorhandene Kesseldruck sinkt dann, bis oben soviel Dampf auf den beiden Speiserohren 11 in die Kammer A einströmt, wie daraus in das Reglerknierohr B abfließt. Da die Schließkraft aber auch jetzt noch größer als die Auftriebskraft ist, bleibt das Hauptventil 3 noch geschlossen.

Doch genügt der in das Reglerknierohr B abströmende Dampf schon zum Anziehen schwerer Züge. Um auch leichte Züge und einzelne Fahrzeuge ebenso sanft in Bewegung setzen zu können, ist be den im Verschiebedienst verwendeten Lokomotiven die Unterseite des Hilfsventils 4 nach Bild 46 b mit einem Konus versehen, so daß der Dampf beim Öffnen des Hilfsventils 4 nur allmählich zunehmend in das Reglerknierohr B abströmen kann.

Zur Beschleunigung der durch das Öffnen des Hilfsventils 4 eingeleiteten Bewegung der Fahrzeuge muß natürlich durch Öffnen des Hauptventils 3 noch Kesseldampf in das Reglerknierohr B eingeführt werden.

Bevor das Hauptventil sich aber öffnen kann, muß der noch in der Kammer A vorhandene Druck so weit verringert sein, daß die von ihm erzeugte Schließkraft kleiner als die Auftriebskraft geworden ist.

Dafür hat jedes Speiserohr 11 die größere abwärts gerichtete Speiseöffnung 12 und die kleinere aufwärts gerichtete Speiseöffnung 13. Außerdem ist auf der Spindel 5 die Drosselscheibe 14 in zweckentsprechendem Abstand von den beiden Speiseöffnungen 12 angeordnet.

Nachdem die aufwärts bewegte Spindel das Hilfsventil voll geöffnet hat, drosselt sie bei weiterem Hube durch die Drosselscheibe 14 auch die beiden Speiseöffnungen 12 bis zum vollständigen Abschluß ab.

Durch das Versiegen dieser beiden Speisequellen sinkt der in der Kammer A vorhandene Druck schnell solange, bis die vom sinkenden Druck erzeugte Schließkraft kleiner wird als die Auftriebskraft, die das Hauptventil dann sofort aus seiner Abschlußlage auf dem Ventilsitz 7 aufwärts treibt. Der mit dem Beginn dieser Bewegung aus dem Ringraum C in das Knierohr abströmende Kesseldampf beschleunigt aber die Geschwindigkeit des aufwärts getriebenen Hauptventils sofort über die Geschwindigkeit der aufwärts bewegten Spindel und entfernt dadurch die beiden Speiseöffnungen 12 von der Drosselscheibe 14. Im gleichen Augenblick strömt dann auch schon wieder Dampf aus diesen Speiseöffnungen in die Kammer A ein und verstärkt durch Erhöhung des darin noch vorhandenen Druckrestes die Schließkraft. Diese bremst dann das Hauptventil so lange, bis durch Abnahme seiner Geschwindigkeit die beiden Speiseöffnungen 12 die Lage zur Drosselscheibe 14 erreichen, in der die Geschwindigkeiten des Hauptventils 3 und der Spindel 5 ausgeglichen sind.

Die Speiseöffnungen 12 und die Drosselscheibe 14 sind also zwei Kupplungselemente, welche durch ihr Zusammenwirken nicht nur die verschiedenen Geschwindigkeiten des öffnenden Hauptventils und der aufwärts bewegten Spindel sofort ausgleichen, sondern das durch den Ausgleich vollständig entlastete Hauptventil 3 auch noch durch Dampf so sicher mit der Spindel 5 verkuppeln, daß beide sich bis zur Rückkehr in die Abschlußlage stets in gleicher Richtung und mit der gleichen Geschwindigkeit bewegen müssen. Wenn die Spindel nach dem Ausgleich also weiter auf- oder abbewegt wird, folgt ihr das Hauptventil sofort mit der gleichen Geschwindigkeit, und in beiden Richtungen hört seine Bewegung sofort auf, wenn die Spindelbewegung unterbrochen wird. Die Wirkung der beiden Kupplungselemente auf das Hauptventil 3 ermöglicht es dem Lokomotivführer daher, den Hub des entlasteten Hauptventils jeweils mühelos und vollkommen den Betriebsbedürfnissen anzupassen.

Zur weiteren Erleichterung eines sanften Anfahrens der Fahrzeuge sind die im Gehäuseteil 2 vorgesehenen Durchflußöffnungen 10 so geformt, daß sie sich, wie Bild 46 c zeigt, abwärts stark verjüngen.

Beim Öffnen des Reglers nimmt dahe nach dem Bild 46 d die in das Knierohr abströmende Dampfmenge bis zu etwa 60 % des Spindelhubes nur langsam und erst dann bis zum Ende des Spindelhubes schnell zu.

Der Dampfdruck in der Kammer A nimmt natürlich ebenfalls zu, wenn er im Knierohr B größer wird. Mit der Annäherung beider an den Kesseldruck verringert sich auch der durch Abdrosselung der beiden Speiseöffnungen 12 erzeugte Auftrieb des Hauptventils. Wenn der Auftrieb schließlich nicht mehr zur Überwindung des Hauptventilgewichtes ausreicht, wird das Hauptventil mittels der Drosselscheibe 14 durch die Spindel 5 bis an das Hubende gehoben. Bei voll geöffnetem Regler ist daher im Knierohr B und im Kessel immer der gleiche Dampfdruck vorhanden.

Nach Öffnen des Hilfsventils kann der Regler also ohne Kraftaufwand am Handhebel beliebig weit geöffnet und geschlossen werden, und wenn man den Handhebel nicht gewaltsam stößt, setzen sich die Fahrzeuge immer sanft in Bewegung, und selbst bei hohem Wasserstand wird kein Wasser übergerissen. Der einzige Widerstand, der sich, abgesehen von der Stopfbuchsenreibung, beim Öffnen des Reglers bemerkbar macht, wird durch das vom Kesseldruck belastete Hilfsventil verursacht; dies ist aber schon nach einem Hube von 2 bis 3 mm so stark entlastet, daß es dann mühelos weiter geöffnet werden kann. Um auch das Hilfsventil mit nur geringem Kraftaufwand aus der Abschlußlage abheben zu können, ist das Gestänge so ausgeführt, daß seine Übersetzung beim Beginn des Handhebelhubes genügend groß ist.

Der Regler ist nach Möglichkeit während der Fahrt ganz zu öffnen. Die Regelung des Dampfzuflusses zu den Zylindern soll nach Möglichkeit mit der Steuerung vorgenommen werden. Nur in den Fällen, in denen bei vollständig geöffnetem Regler zuviel Wasser aus dem Kessel mit übergerissen wird, sollte der Regler soweit gedrosselt werden, bis das Überreißen von Wasser aufhört.

Hinter dem Regler strömt der Naßdampf durch das Reglerknierohr und das Reglerrohr zur Naßdampfkammer des Dampfsammelkastens und von hier in die einzelnen Überhitzerelemente. Bei geschlossenem Regler lastet auf beiden (Knierohr und Reglerrohr) die volle Kesselspannung. Beide Rohre müssen volkommen dampfdicht in den Kessel eingebaut sein.

Der Regler wird vom Führerstand aus mit dem an der Stehkesselrückwand angebauten Handhebel über die Reglerwelle und das Reglergestänge bedient. Die Reglerwelle ist in einer Stopfbuchse in der Stehkesselrückwand dampfdicht gelagert und am anderen Ende im Reglerknierohr geführt.

Der Regler soll täglich wenigstens einmal ganz geöffnet werden, um Kesselsteinablagerungen in der zylindrischen Führung des Hauptventils, die das Spiel desselben beeinträchtigen, zu unterbinden.

Innerhalb des Kessels dürfen am Reglergestänge nur Messing- oder Kupfersplinte verwendet werden, um Betriebsgefahren, die bei eisernen Splinten durch Abrosten auftreten können, zu vermeiden.

Würde ein solcher Splint abrosten oder sich abkneifen und der betreffende Bolzen aus der Gestängegabel fallen, so ist der Regler ohne Verbindung mit der Regulatorwelle. Der Lokomotivführer hat dann mit dem Reglerhandhebel keinen Einfluß mehr auf die Dampfzuführung zu den Zylindern. Er kann aber mit der Steuerung den Dampf von den Zylindern absperren, indem er die Schieber auf Mitte legt. Der Zug kann dann durch Verlegen der Schieber mit der Steuerung weitergefahren werden.

Jedes Kesselspeisewasser enthält atmosphärische Luft und gelöste Mineralsalze, zum Teil in größeren Mengen. Beim Erwärmen scheiden sich diese Stoffe aus und richten an den Kessel- und Rohrwänden großen Schaden an. Der Sauerstoff der Luft erzeugt zunehmende Rostanfressungen auf den vom Wasser bespülten Kesselflächen, und die darauf abgelagerten Salze erhärten zu Kesselstein. Dadurch wird der Wärmeaustausch zwischen den von den Feuergasen beheizten Flächen und dem Kesselwasser zunehmend verschlechtert. Schon ein 2 bis 3 mm starker Kesselsteinbelag auf den beheizten Kesselflächen verursacht im Lokomotivkessel Verluste von 5 bis 9 % der Wärmeausnutzung. Diese Wärmeverluste müssen durch entsprechend größeren Mehrverbrauch an Brennstoff ausgeglichen werden.

Da sich die Kesselsteinbildner bei starker Erwärmung des Wassers, und zwar am lebhaftesten zwischen 90 und 130 °C, zunächst in Form von Schlamm ausscheiden, ist im Speisedom ein **Schlammabscheider und** darunter ein **Schlammsammler** mit Abschlammschieber angeordnet.

Die im Anschluß an die Strahlpumpen zum Kessel führenden Speiseleitungen münden in den Speisedom (Bild 47). Das Wasser der am meisten zu gebrauchenden Strahlpumpe auf der Heizerseite wird durch eine im Dom liegende, nach der Dommitte zu mit zahlreichen Löchern versehene Ringleitung auf den Kesselsteinabscheider gespritzt. Die seltener gebrauchte Strahlpumpe auf der Führerseite ergießt ihr Wasser durch ein breites Froschmaulmundstück auf den Abscheiderost. Das Speisewasser, das mit etwa 80 °C von der Speisepumpe kommt, wird durch die feine Verteilung mittels der Ringleitung in ausgiebige Berührung mit dem Dampf gebracht und weiter erwärmt.

Im Speisedom sind eine Anzahl Hürden aus nach nach oben geöffneten Winkeleisen rechtwinklig gegeneinander versetzt eingelegt, die zur Reinigung bequem herausgenommen werden können. Durch das Aufprallen auf die heißen Winkelrosthürden werden die einzelnen Wasserstrahlen noch weiter kräftig zerteilt. Der verhältnismäßig langsame Abfluß über die große Zahl von Träufelkanten der einzelnen Hürden läßt einem Teil der Kesselsteinbildner Zeit, sich auszuscheiden und an den Hürden abzusetzen. Unterhalb der Hürden schließt rechts und links ein Blechkanal aus Kesselmantel und besonderen Ablenkblechen ein unmittelbares Niederfließen des Speisewassers und ein Absetzen von Kesselschlamm auf die Kesselrohre aus. Im Bahnbetriebswerk sind die herausnehmbaren Hürden in regelmäßigen Zeitabständen (abhängig von Wasserhärte und Kesselbelastung) auszubauen und von dem anhaftenden Kesselstein zu reinigen.

Das Wasser fließt in den seitlichen Blechtaschen dem Kesselbauch zu, wo sich der Schlamm in dem eigentlichen Schlammsammler absetzt. Am Boden des geräumigen Behälters ist ein Abschlammschieber angeordnet. Ein gleicher Schieber ist an der Stehkesselvorderwand an tiefster Stelle des Kessels dicht über dem

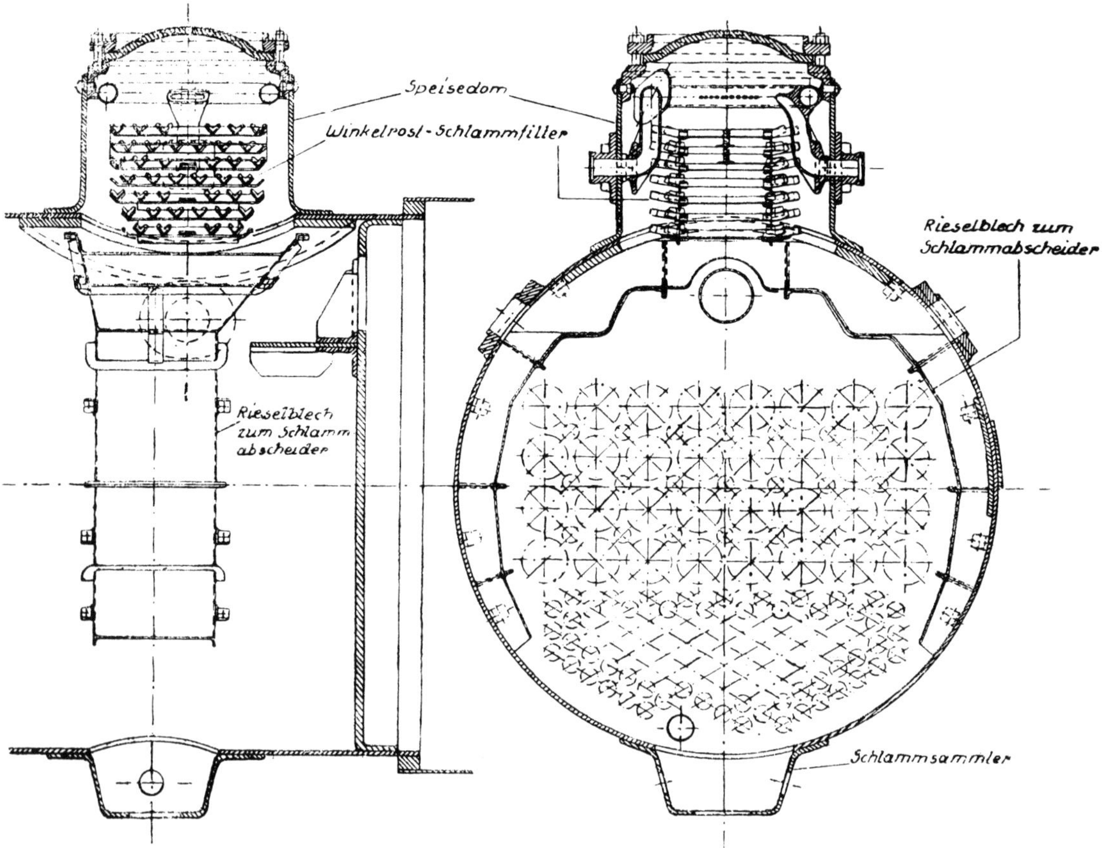

Bild 47. Speisedom, Schlammabscheider und Schlammsammler

Bodenring angebaut. Mit beiden Vorrichtungen wird der lose Schlamm aus dem Lang- und Stehkessel abgelassen. Der Schlammsammler hat auf beiden Seiten kleine Waschluken, der Langkessel seitlich je eine große Luke zum Reinigen der Blechtaschen.

Zur Speisung des Kessels dienen zwei saugende **Dampfstrahlpumpen** der Regelbauart, von denen eine 125 l/min und die andere 250 l/min fördert. Die Pumpen werden mit Frischdampf betrieben. Es ist je eine auf die Heizerseite und die Führerseite frostfrei gelegt. Die Saug- und Druckleitungen sind 50 mm weit ausgeführt.

In der Hauptsache besteht eine Dampfstrahlpumpe (oder Injektor) aus folgenden Teilen (Bild 48):

1. Aus dem Pumpengehäuse, das die einzelnen Bauteile aufnimmt.
2. Aus der Dampfdüse 1, durch die der Dampf in die Pumpe eintritt.
3. Aus der Mischdüse 2. In ihr findet der Zusammenfluß von Wasser und Dampf, die Kondensation des letzteren und die Übertragung der mechanischen Arbeit auf das Wasser statt.

4. Aus der Druck- oder Fangdüse 3, die den gemischten Strahl aufnimmt. In dieser Düse wird der Druck des Wasserstrahls soweit gesteigert, daß er den Kesseldruck überwindet.
5. Aus der Schlabbereinrichtung mit Schlabberventil 5. Letzteres stellt in offenem Zustand eine Verbindung des hinteren Teils der Mischdüse mit der Außenluft her. Die Schlabbereinrichtung hat den Zweck, beim Anstellen der Pumpe das von der Druckdüse nicht aufgenommene Wasser ins Freie treten zu lassen, bis der zugeleitete Dampfstrahl imstande ist, das zufließende Wasser derart zu be-

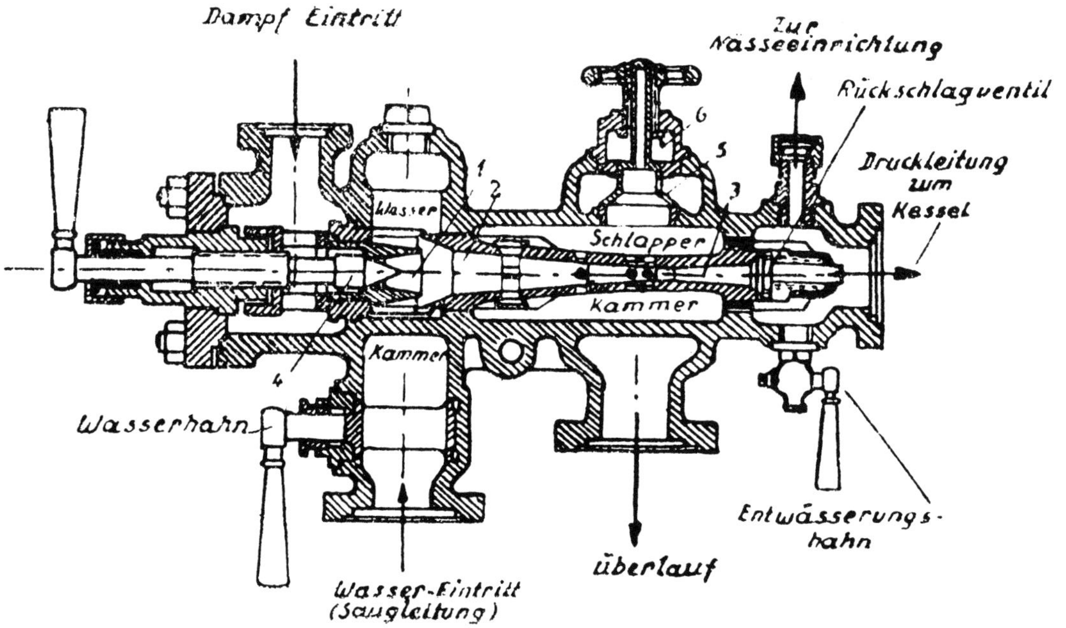

Bild 48. Dampfstrahlpumpe

schleunigen, daß es in einem geschlossenen Strahl von der Fangdüse aufgenommen wird, und dadurch das Anstellen der Pumpe zu erleichtern.
6. Aus dem Rückschlagventil als Abschlußorgan zwischen Pumpengehäuse und Druckrohr.
7. Aus dem Wasserhahn zum Regeln des Wasserzuflusses.
8. Aus dem Entwässerungshahn.

Die Dampfstrahlpumpe arbeitet in folgender Weise:

Nachdem das Anlaßventil am Dampfentnahmestutzen geöffnet ist, wird das mit den Düsen gleichachsig liegende Ventil 4 durch eine kleine Drehung (40—70°) des Handgriffs an der Spindel leicht geöffnet. Der durch die Dampfdüse 1 ausströmende Dampf reißt die in der Wasserkammer befindliche Luft mit fort, wodurch in diesem Raum Unterdruck entsteht, der sich auf die Saugleitung überträgt. Jetzt wird das im Tender befindliche Wasser durch den auf ihm lastenden äußeren Luftdruck in das Pumpengehäuse gedrückt. Der beim. Anstellen eingelassene Frischdampf mit der angesaugten Luft und dem ersten Wasser entweicht, da der feine Dampfstrahl den Kesseldruck noch nicht überwindet, durch die Öffnungen der Misch- und Druckdüse 2 und 3 in die Schlabberkammer, stößt dort das Schlabberventil 5 auf und fließt durch das Überlaufrohr ins Freie (schlabbern). Durch die Vermischung des Dampfes mit dem kalten Wasser sinkt der Druck in der Düse und der Schlabberkammer, weil der zu Wasser kondensierte Dampf einen bedeutend kleineren Raum einnimmt. Das Schlabberventil schließt sich hierbei infolge seines Eigengewichtes mit einem jedem Lokomotivbediensteten bekannten kurzen Ton. An dem Herabfallen des Schlabberventils ist zu erkennen, daß die Pumpe angesaugt hat. Jetzt wird das Anstellventil soweit aufgedreht, daß die Pumpe das angesaugte Wasser über die Speiseleitung in den Kessel drückt.

Zum Bedienen der Dampfstrahlpumpe wird der Dampf des Lokomotivkessels benutzt, der durch Reibung und Kondensation noch an Druck verliert. Dieser wäre ohne weiteres nicht imstande, den auf dem Kesselventil lastenden vollen Kesseldruck zu überwinden. Der kräftige Dampfstrahl setzt aber das Wasser in den Düsen in sehr hohe Geschwindigkeit und anschließend unter so starken Druck, daß die Rückschlagventile (am Ende der Düse 3 und im Speiseventil) aufgestoßen werden und das Wasser in den Kessel gefördert wird.

Arbeitet die Pumpe einwandfrei und ist das Anstellventil richtig eingestellt, so bleibt hierbei das Schlabberventil geschlossen. Dem Überlauf entweicht weder Dampf noch Wasser.

Durch das ständige Kondensieren des Frischdampfes in der Mischdüse, bleibt, während die Pumpe arbeitet, ein ständiger Unterdruck in der Wasserkammer und Saugleitung erhalten, der ununterbrochen das Wasser ansaugt.

Durch Niederschrauben des Schlabberventils auf seinen Sitz kann mit der Dampfstrahlpumpe überschüssiger Dampf zum Vorwärmen des Tenderwassers oder zum Schutz der Saugleitung gegen Einfrieren benutzt werden.

Die Dampfstrahlpumpe ist in der Lage, Wasser bei einer Temperatur von etwa 30 °C und einer Saughöhe von 2,5 m noch bei einem Absinken des Kesseldrucks bis auf 4 atü sicher in den Kessel zu fördern. Bei absinkendem Kesseldruck muß jedoch der Wasserhahn gedrosselt werden, weil dann nicht mehr die volle Wassermenge gepumpt werden kann.

Im Betrieb sind stets beide Dampfstrahlpumpen abwechselnd zu benutzen, um deren betriebsfähigen Zustand laufend zu überwachen.

Bedienung der Dampfstrahlpumpe

a) Anstellen der Pumpe

1. Wasserhahn und Schlabberventil öffnen.
2. Anlaßventil am Kessel ganz öffnen; Regelventil an der Dampfstrahlpumpe leicht öffnen (Drehung um 40—70 °), bis Wasser angesaugt; dann weiter öffnen, bis die Pumpe das Wasser in den Kessel drückt.
3. Wasserhahn drosseln, bis am Schlabberrohr kein Wasser mehr austritt.

b) Abstellen der Pumpe

1. Anlaßventil am Kessel schließen.
2. Wasserhahn schließen.
3. Regelventil an der Pumpe schließen.

c) Vorwärmen des Tenderwassers

1. Schlabberventil schließen, durch niederschrauben der Absperrschraube.
2. Wasserhahn öffnen.
3. Anlaßventil am Kessel und Regelventil an der Pumpe öffnen.

d) Benutzung der Pumpe zu Feuerlöschzwecken

1. Kesselspeiseventil schließen.
2. Anschrauben des Spritzschlauches an Feuerlöschstutzen (Vorsicht! Verbrühungsgefahr!)
3. Anstellen der Pumpe (wie unter a).

Störungen an der Dampfstrahlpumpe und deren Beseitigung

Ursache	**Beseitigung**
1. Zu schnelles Öffnen des Dampfventils.	1. Schließen und langsames Wiederöffnen des Dampfventils.
2. Schlabberventil geschlossen oder festgeklemmt.	2. Öffnen der Absperrschraube oder Abnehmen des Deckelverschlusses und Ausbau und reinigen des Schlabberventils.
3. Wasserzufluß ungenügend oder ganz unterbrochen.	3. Wasserhahn an Pumpe (und Tender) öffnen.
4. Pumpendüsen durch Kesselstein oder eingedrungene Fremdkörper verlagert.	4. Düsen ausbauen und reinigen.
5. Temperatur des Speisewassers zu hoch.	5. Tender entleeren, Wasservorrat ergänzen.
6. Der Pumpenkörper oder die Saugeleitung sind zu heiß geworden.	6. Abkühlen des Pumpengehäuses durch Auflegen von nassen Tüchern oder Zuleitung kalten Behälterwassers in die Pumpe (Öffnen des Wasserhahns und Schlabberventils bei geschlossenem Dampfventil).
7. Kesselspeiseventil geschlossen oder Rückschlagventil festgeklemmt.	7. Kesselspeiseventil schließen, Rückschlagventil ausbauen und reinigen. Kesselspeiseventil öffnen.
8. Saugleitung undicht.	8. Beseitigung der Undichtigkeit.
9. Wasserbehälter luftdicht abgeschlossen (zugefroren) — Luftzutritt behindert.	9. Wasserbehälterdeckel anlüften.
10. Undichtes Kesselrückschlagventil.	10. Entleerung der Druckleitung durch Rauchkammer- und Aschkastenspritzhahn.

Beide Druck- und Speiseleitungen sind, unter Zwischenschaltung eines **Kesselspeiseventils,** an den Speisedom angeschlossen. Das Speiseventil hat gleichzeitig ein Rückschlagventil, wodurch die Druck- oder Speiseleitung vom Kessel abgeschlossen wird, wenn die Speisepumpe nicht arbeitet.

Mit einem zweiten von Hand zu bedienenden Spindelventil kann im Fall eines Rohrbruches oder wenn das Rückschlagventil sich festklemmt oder aus anderen Gründen nicht mehr sicher schließt, der Kessel abgeschlossen werden. Es ist also ein selbsttätig arbeitendes Rückschlagventil und ein von Hand bedientes Absperrventil völlig unabhängig voneinander in einem gemeinsamen Gehäuse vereinigt (Bild 49).

Der Dampfdruck des Kessels drückt auf die obere Seite des Rückschlagventils. Sobald die Pumpe abgestellt wird und der Druck in der Speiseleitung unter den Kesseldruck sinkt, schließt sich das Rückschlagventil und sperrt die Speiseleitung ab. Beim Anstellen der Pumpe öffnet sich das Rückschlagventil durch den Druck des geförderten Speisewassers und kann dieses, solange die Pumpe arbeitet, in den Kessel treten.

Die Anordnungsweise des Handabsperrventils, vom Kessel gesehen vor dem Rückschlagventil, gestattet es, erforderlichenfalls an einem unter Druck stehenden Kessel das Rückschlagventil auszubauen und neu einzuschleifen.

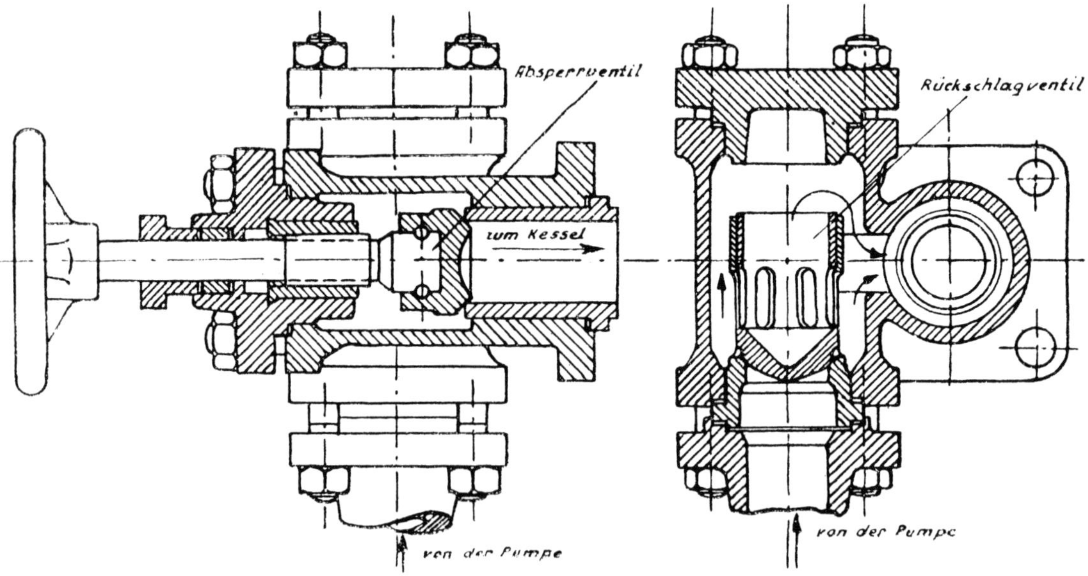

Bild 49. Kesselspeiseventil

Zwischen der Speiseleitung und dem Kesselspeiseventil ist ein Rohrkrümmer eingebaut, der den sogenannten **Feuerlöschstutzen** trägt. Der Feuerlöschstutzen ermöglicht es, in Gefahrfällen, die Lokomotive für Feuerlöschzwecke zu verwenden. Hierfür ist die am Feuerlöschstutzen befindliche Überwurfmutter zu entfernen (Vorsicht — Verbrühungsgefahr!) und der auf jeder Lokomotive mitzuführende Feuerlöschanschlußstutzen mit Storzkupplung zu befestigen. Die als genormte Feuerlöschkupplung geltende Storzkupplung gestattet den Anschluß eines jeden normalen Feuerlöschschlauches. Die Dampfstrahlpumpe läßt sich dann beim geschlossenen Kesselspeiseventil für Feuerlöschzwecke als Spritzpumpe benutzen.

Sobald der für den Kessel festgesetzte höchste zulässige Dampfdruck überschritten ist, öffnen sich die beiden auf der Rückseite des Reglerdomes angeordneten **Sicherheitsventile** der Bauart Ackermann und lassen den zuviel erzeugten Dampf ins Freie ausströmen. Es wird so zwangsläufig vermieden, daß bei unsachgemäßer Feuerbedienung oder plötzlicher unvorhergesehener Unterbrechung der Dampfentnahme der zulässige Kesselhöchstdruck überschritten werden kann. Nach erfolgter Druckabnahme, entsprechend der von einem Kesselprüfer vorgenommenen Einstellung, schließen sich die Sicherheitsventile unter dem Druck der Belastungsfeder wieder selbsttätig.

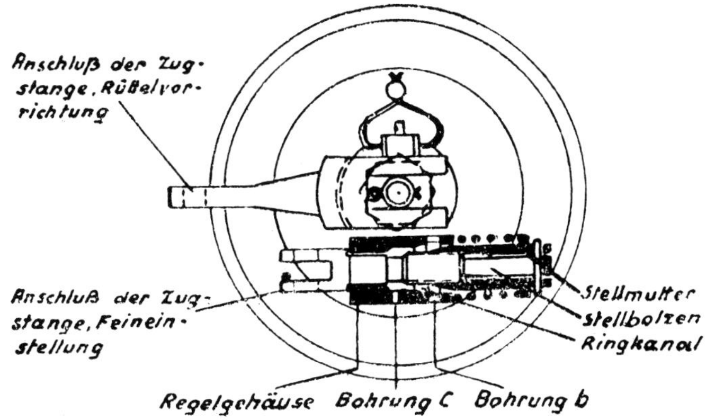

Bild 50 a.

Das Kesselsicherheitsventil der Bauart Ackermann (Bild 50 a—c) besteht aus dem Ventilgehäuse, dem Ventilsitz, dem Federgehäuse mit der zwischen zwei Federtellern eingespannten Belastungsfeder und der Druckkugel, ferner dem Ventilkegel mit der Bohrung a, dem Rilleneinsatz, der Rüttelvorrichtung mit Anlüfthebel, Anlüftspindel und Rückstellfeder sowie der Feinstelleinrichtung auf dem Gehäuse. Diese Einrichtung setzt sich zusammen aus dem Regelgehäuse, dem Stellbolzen mit Stellmutter und der Stellmutterfeder. Im Regelgehäuse sind die kleine Bohrung c und die größeren Bohrungen b vorgesehen, an der Innenwand ein Ringkanal, der das Federgehäuse über die Bohrungen b und c mit der Außenluft verbindet.

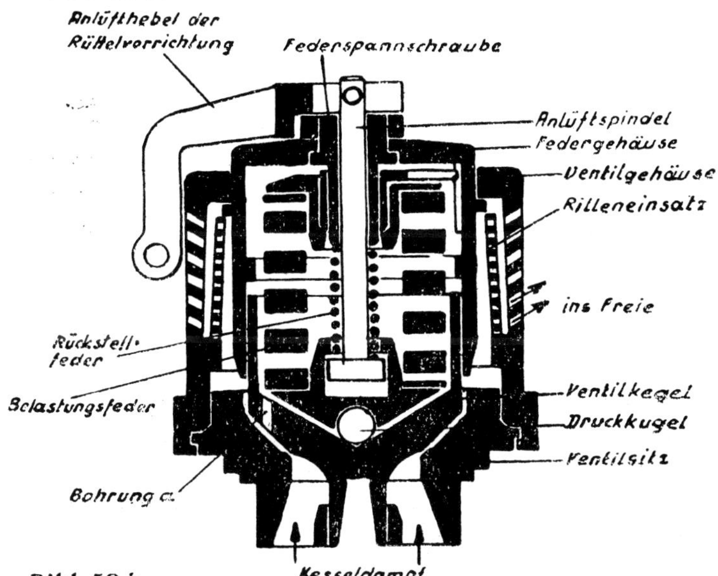

Bild 50 b.

Die Außenwand des Ventilgehäuses weist eine große Zahl von Löchern auf, durch die der Dampf beim Öffnen des Ventils ins Freie strömt. Die Dichtungsfläche ist kegelförmig unter 45° geneigt. Die Wandung des Ventilsitzes, an der bei geöffnetem Ventil der Dampf entlangströmt, ist besonders geformt, damit der abströmende Dampf vor dem Austritt in das Federgehäuse oder in das Ventilgehäuse eine gewisse Stauung erfährt. Dadurch entsteht unter dem Ventilkegel eine aufwärtsgerichtete Zusatzkraft. Der Ventilkegel ist im

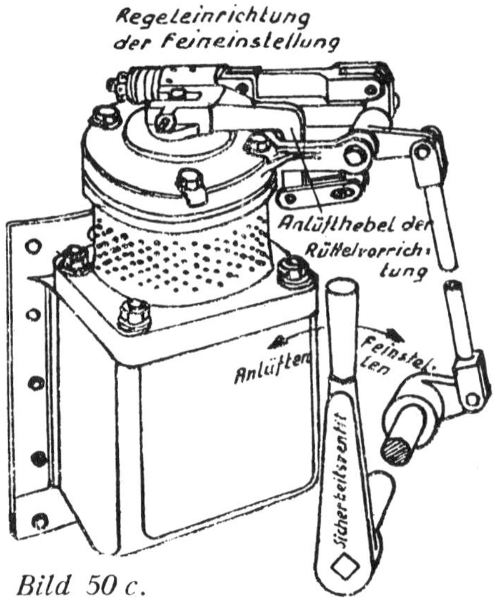

Bild 50 c.

Bild 50 a—c. Kesselsicherheitsventil, Bauart Ackermann

Federgehäuse und im Ventilsitz geführt; ein Anschlag im Federgehäuse dient als Hubbegrenzung. Die Spannung der Belastungsfeder kann nach Abnahme des Anlüfthebels und einer Sicherungsscheibe mit der Federspannschraube erhöht oder erniedrigt werden. Die Belastungsfeder drückt am unteren Federteller über die Druckkugel auf den Ventilkegel, ihre Kraft wird dadurch achsial zur Wirkung gebracht und eine einseitige Belastung des Ventils vermieden. Ventilgehäuse und Ventilsitz sind durch Bajonettverschluß miteinander verbunden.

Mit dem Hebel „Sicherheitsventil" im Führerstand, der durch ein Gestänge an den Anlüfthebel angeschlossen ist, kann über die Anlüftspindel der untere Federteller angehoben und dadurch der Ventilkegel vorübergehend entlastet werden. Mit dem erwähnten Hebel „Sicherheitsventil" im Führerstand kann in der einen Richtung (wie gesagt) die Rüttelvorrichtung bewegt und in der anderen Richtung die Feineinstellung bedient werden. Bei der Betätigung des einen Teils weicht das Gestänge des anderen in einem Langloch aus.

Das Ackermann-Kesselsicherheitsventil steht unter dem Einfluß zweier Kräfte, die am Ventilkegel gegeneinander wirken des von unten drückenden Kesseldampfes und der von oben wirkenden Belastungsfeder, die unterstützt wird durch den sich im Federraum bildenden Dampfgegendruck. Im Kräftespiel der beiden Seiten wird der Ventilkegel entweder in Schließstellung auf den Ventilsitz gedrückt oder von diesem abgehoben und Kesseldampf ins Freie gelassen.

Die Spannung der Belastungsfeder wird mit der oberen Federspannschraube so eingeregelt, daß sie am Ventilkegel Übergewicht behält und das Kesselsicherheitsventil geschlossen hält, solange der festgesetzte Kesselhöchstdruck noch nicht erreicht ist.

Wird im Kessel der vorgeschriebene Höchstdruck überschritten, dann lüftet der Ventilkegel schon bei dem geringsten Überdruck leicht an. Dampf strömt durch die enge Öffnung am Ventilsitz und in den von Kegel und Unterteil gebildeten Spalt, der durch seine Verengung an der oberen Kegelkante eine Stauung des Dampfes herbeiführt und so eine aufwärtsgerichtete Zusatzkraft erzeugt. Nur wenig Dampf kann über die Außenkammer mit dem Rilleneinsatz und durch die Bohrungen an der Gehäusewand ins Freie ausströmen. Die Zusatzkraft reicht also zunächst noch nicht aus, um den Ventilkegel voll auszuheben. Steigt der Dampfdruck allmählich weiter, dann vergrößert sich der Öffnungsspalt am Sitz und Dampf strömt in erhöhtem Maße nach außen. Aber immer noch handelt es sich nur um das Vorblasen des Kesselsicherheitsventils, das den Lokomotivführer auf den Überdruck im Kessel aufmerksam machen soll.

Erst wenn der Kesselhöchstdruck um etwa 0,6 atü überschritten ist, vollzieht sich die Vollöffnung des Kesselsicherheitsventils: der Ventilkegel wird bis zum Anschlag im Federgehäuse aufwärtsgetrieben und der angestaute Dampf drängt über den Rilleneinsatz, wo sein Auspuffgeräusch durch die vielfache Zerteilung an der Gehäusewand gedämpft wird, ins Freie.

Bei dem Anlüftbeginn ist über die Bohrung a des Ventilkegels auch in das Federgehäuse Dampf geströmt, von wo er über den erwähnten Ringkanal unten in die Regeleinrichtung gelangt. Hier entweicht er über die ständig offene Bohrung c und die durch die Stellmutter verstellbaren Öffnungen b ins Freie. Die Bohrungen b sind durch die Einstellung der Stellmutter soweit gedrosselt, daß im Federgehäuse ein gewisser Dampfgegendruck entsteht, der im Verein mit der Belastungsfeder den Ventilkegel abwärtsschiebt und schlagartig schließt, wenn der Kesseldruck um 0,2 atü unter dem zulässigen Höchstdruck liegt, der Druckabfall also insgesamt etwa 0,8 atü erreicht hat.

Wird der Sicherheitsventilhebel im Führerstand in Richtung „Feinstellen" (Bild 50 c) bewegt, dann wird der Stellbolzen mit Stellmutter (Bild 50 a) nach links gezogen. Dadurch werden die Bohrungen b abgesperrt und der aus dem Federgehäuse nach außen drängende Dampf findet nur über die kleine Bohrung c einen Weg ins Freie. Der dabei im Federgehäuse rasch ansteigende Gegendruck drückt unter Mitwirkung der Belastungsfeder den Kegel in die Schließstellung, d. h. der Überdruck im Kessel bleibt erhalten.

Den ihm durch die Vorblasewirkung des Kesselsicherheitsventils angezeigten erhöhten Kesseldruck kann der Lokomotivführer zur Überwindung einer Steigung oder zu einer Geschwindigkeitserhöhung gut gebrauchen. Nur in einem solchen Fall darf er den Hebel im Führerstand in besagtem Sinn betätigen. Infolge des erhöhten Dampfbedarfs bei Steigungen und Geschwindigkeitserhöhungen sinkt der Druck im Kessel von selbst wieder ab, so daß eine Gefahr durch weiteres Ansteigen der Dampfspannung nicht zu befürchten ist. Beim Loslassen des Hebels geht der Bolzen der Regeleinrichtung unter der Wirkung der Rückziehfeder und der Stellmutterfeder von selbst wieder in seine Ausgangslage zurück, so daß bei erneutem Überdruck im Kessel die Bohrungen b wieder Dampf auslassen können und das Ventil normal arbeitet.

Wird der Sicherheitsventilhebel in die Richtung „Anlüften" (Bild 50 c) bewegt, so wird der Anlüfthebel der Rüttelvorrichtung angekippt und die Anlüftspindel angehoben. Deren unterer Ansatz lüftet durch Hochheben des Ventiltellers — entgegen der Wirkung der Belastungsfeder — den unter Dampfdruck stehenden Ventilkegel. Dampf strömt auf den bekannten Wegen über Ventilsitz, Gehäusewand bzw. Federgehäuse, Regeleinrichtung aus und zeigt dem Lokomotivführer an, daß das Ventil ordnungsmäßig arbeitet. Beim Zurückbewegen des Hebels drückt die Belastungsfeder unter Beihilfe der inneren Rückstellfeder die Anlüftspindel wieder in die Ausgangslage zurück, das Ventil schließt augenblicklich.

Die Beobachtung des Wasserstandes im Kessel ermöglichen zwei voneinander unabhängige **Wasserstandsanzeiger,** deren Gläser die ganze Dampfraumhöhe sichtbar machen.

Der niedrigste zulässige Wasserstand (100 mm über der höchsten Stelle der Feuerbüchse) ist an der Stehkesselrückwand durch eine feste Marke mit der Aufschrift NW bezeichnet.

Die Wasserstandsgläser sind oben und unten, unter Zwischenschaltung je eines Wasserstandskopfes mit einem Absperrhahn aus Rotguß wasser- und dampfdicht am Kessel angeschraubt. Da im Wasserstandsglas und im Kessel der gleiche Druck herrscht, spielen sich die Wasserspiegel im Glas und im Kessel auf die gleiche Höhe ein (Gesetz der kommunizierenden Röhren). Voraussetzung ist hierfür, daß die Verbindungskanäle zum Kessel einwandfrei sauber und offen sind.

Die Glasröhren sind mittels Stopfbüchsen, Gummidichtungsringen und Überwurfmuttern wasser- und dampfdicht in die Wasserstandsköpfe eingesetzt. Damit beim Bruch des Glases das Lokomotivpersonal gegen Verbrühung geschützt wird, ist in jedem der Hahnküken eine Selbstschutzsicherung eingebaut. Der Kessel wird dadurch beim Bruch des Glases selbsttätig abgesperrt, indem das hierbei dem Kessel entströmende Wasser (oder Dampf) die unten im Hahnküken lose liegende Messingkugel selbsttätig vor die Hahnöffnung reißt (Bild 51).

Die drei Stellungen der Hahnküken sind folgende (Bild 51):

Stellung I (Betriebs- oder Regelstellung). Die Handgriffe stehen schräg nach unten. Der Sicherheitskugelverschluß ist eingeschaltet. Beim Bruch des Glases schließen sich die Kanäle selbsttätig, weil die Sicherheitskugeln von dem ausströmenden Wasser (bzw. Dampf) vor die Bohrung im Hahnküken gerissen werden.

Stellung II (Durchblasestellung — ohne Selbstschluß —). Die Handgriffe stehen schräg nach oben. Der Kugelverschluß ist ausgeschaltet. Infolge ihrer tiefen Lage kann die Verschlußkugel von der Strömung nicht mehr erfaßt werden.

Stellung III (Abschlußstellung). Die Handgriffe liegen waagerecht. Die Kanäle sind geschlossen. Das Schauglas ist vom Kessel abgeschlossen. In dieser Stellung kann das Wasserstandsglas ausgewechselt werden.

Der am unteren Wasserstandskopf angebaute Wasserstandsablaßhahn hat den Zweck, das Glas entleeren zu können.

Um das Lokomotivpersonal beim Bruch des Glases gegen Verletzungen durch Splitter und Verbrühungen zu schützen, hängt vor dem Wasserstandsglas ein Winkelrahmen mit dickem Drahtglas. Dieser darf nur entfernt werden, nachdem vorher die Wasserstandshähne in Abschlußstellung gelegt worden sind. Vor jeder Fahrt sind die Wasserstandsanzeiger der unter Dampf stehenden Lokomotive auf ihren ordnungsmäßigen Zustand zu prüfen. Hierbei sind sämtliche zugehörigen Hähne zu öffnen und zu schließen und wie nachstehend zu verfahren:

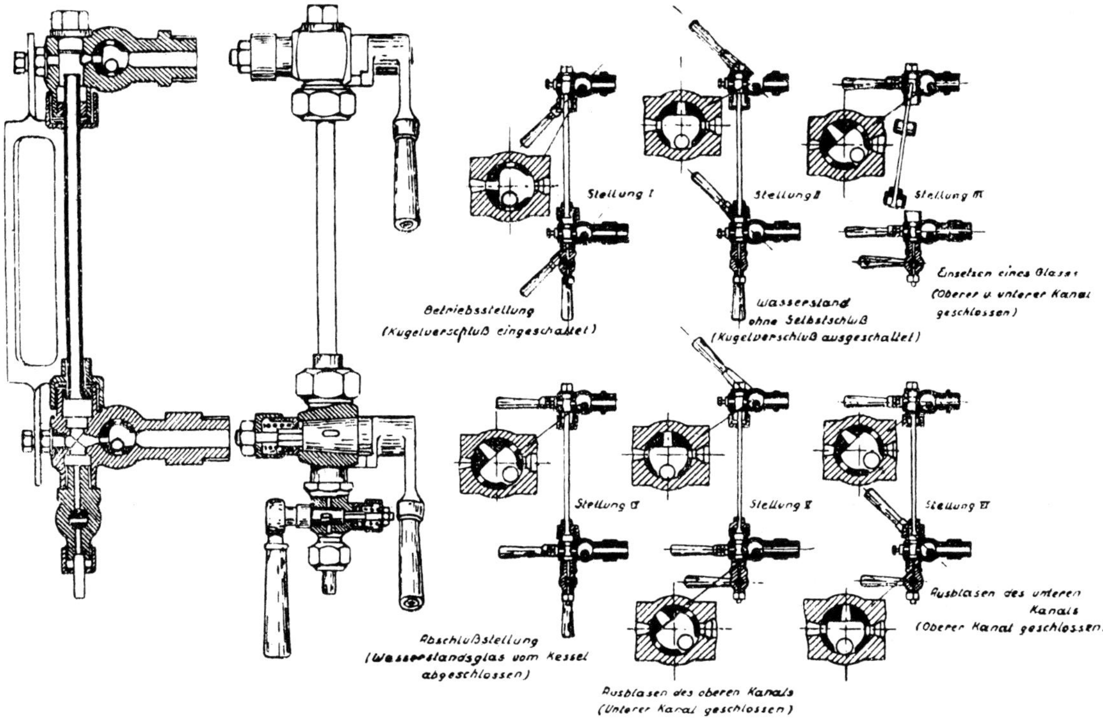

Bild 51. Wasserstandsanzeiger

1. Ablaßhahn langsam öffnen — Griffstellung waagerecht —, Kugelwirkung beobachten.
2. Beide Absperrhähne schließen — Handgriffe waagerecht —.
3. Unteren Kanal ausblasen — unteren Handgriff schräg nach oben und zurück.
4. Oberen Kanal ausblasen — oberen Handgriff schräg nach oben und zurück.
5. Ablaßhahn schließen — Griffstellung senkrecht —.
6. Beide Absperrhähne gleichzeitig in die Ausblasestellung — beide Handgriffe schräg nach oben —.
7. Nach Ausgleich des Wasserstandes zwischen Kessel und Wasserstandsglas: Beide Absperrhähne gleichzeitig in die Betriebsstellung — beide Handgriffe schräg nach unten —.

Beim Bruch eines Schauglases ist, nachdem beide Kugelverschlüsse in Tätigkeit getreten sind, ein Ersatzglas wie folgt einzusetzen:

1. Beide Handgriffe in Abschlußstellung (waagerecht) legen (Sellung III).
2. Den Wasserstandsablaßhahn öffnen.
3. Neues Glas einsetzen.
4. Den Wasserstandsablaßhahn schließen und das Wasserstandsschutzglas vorhängen.
5. Beide Handgriffe langsam aufwärts drehen (Durchblasestellung).
6. Beide Handgriffe langsam abwärts drehen (Betriebsstellung).

Das Lokomotivpersonal hat bei der Beobachtung der Wasserstandshöhe den scheinbaren und den wirklichen Wasserstand zu unterscheiden. Beim Öffnen des Reglers hebt sich bekanntlich der Wasserspiegel im Kessel, ohne daß Wasser hinzugepumpt wird. Das Wasserstandsglas zeigt bei geöffnetem Regler den scheinbaren Wasserstand und bei geschlossenem Regler den wirklichen Wasserstand. Diese Erscheinung muß bei geöffnetem Regler in ausreichendem Maße berücksichtigt werden, damit, nachdem der Regler wieder geschlossen ist, der wirkliche Wasserstand nicht unter die Marke des niedrigsten Wasserstandes fällt.

Um den jeweils im Kessel herrschenden Dampfdruck zu erkennen, ist über dem Kessel im Führerhaus ein **Druckmesser** (Manometer) angebracht. Auf den Lokomotiven werden nur Röhrenfedermanometer verwendet. Der Aufbau und die Arbeitsweise dieser Druckmesser ist folgender:

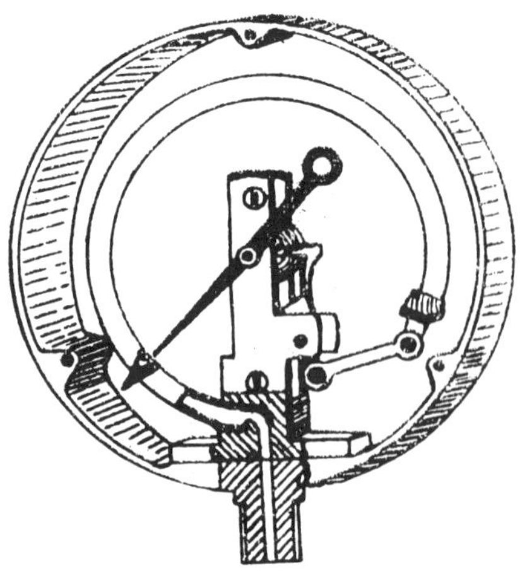

Bild 52. Röhrenfederdruckmesser

Eine ringförmig gebogene Messingröhre mit ovalem Querschnitt (Röhrenfeder) ist mit dem einen Ende am Gehäuse befestigt und über den Gewindeanschlußstutzen des Druckmessers und das Dampfzuleitungsrohr dampfdicht mit dem Kessel verbunden. Das andere Ende ist verschlossen und freischwebend über ein Hebelwerk mit dem Zeiger verbunden, der den Kesseldruck auf einem Zifferblatt anzeigt (Bild 52).

Unter der Einwirkung des Dampfdrucks verändert sich die Form der Röhrenfeder, indem sich der ovale Querschnitt mehr dem eines Kreises nähert und gleichzeitig die kreisrund gebogene Röhre sich zu strecken versucht. Dabei erhält, entsprechend der Höhe des Druckes, der Zeiger von dem freien Röhrenende her über das Hebelwerk einen mehr oder weniger großen Ausschlag. Mit Hilfe des Zifferblattes zeigt dieser Ausschlag den im Kessel herrschenden Dampfdruck an.

Eine rote Marke auf dem Zifferblatt zeigt den für den Kessel festgelegten höchsten Dampfdruck; er deckt sich mit der Angabe auf dem Fabrikschild des Kessels.

Das Anschlußrohr zum Druckmesser ist so gebogen, daß es nach unten einen Wassersack (Trompetenrohr) bildet. Dadurch wird erreicht, daß sich Wasser ansammelt, das den Druck auf die Röhrenfeder überträgt.

Das **Heißdampf-Fernthermometer** (Pyrometer) ist schon vorher in dem Abschnitt Wärmelehre beschrieben worden.

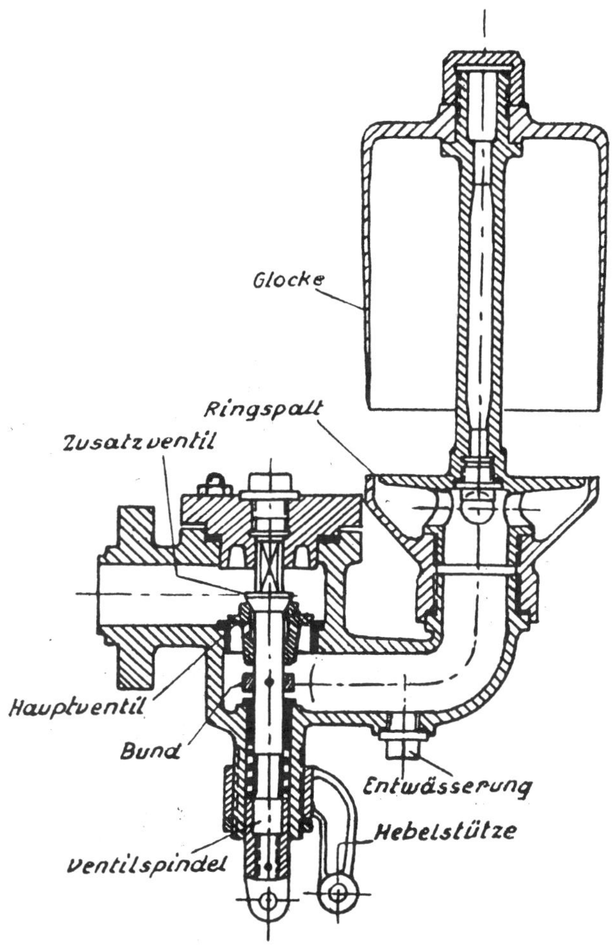

Bild 53. Dampfpfeife

Die **Dampfpfeife** (Bild 53) ist auf der rechten Seite des Reglerdoms angeordnet. Ihre Wirkung besteht darin, daß der Dampf durch einen engen Ringspalt ins Freie strömt und sich dabei an der Schneide der Glocke stößt. Diese gerät in Schwingungen und gibt dadurch einen Pfeifton von sich.

Für Bahnhofssignale ist durch ein Hilfsventil dem vollen Ton ein Halbton vorgeschaltet. Das Hilfs- oder Zusatzventil ruht mit seiner eingeschliffenen Dichtungsfläche auf einem etwas erhöhten Sitz des Hauptventils und spricht bei Betätigung des Pfeifenzuges als erstes an. Das Hauptventil wird erst nach einem Vorhub von 5 mm angehoben und gibt dann erst für den Vollton den notwendigen Dampfabströmquerschnitt frei. Die Ventilspindel wird senkrecht auf der dem Ventil abgewandten Seite in einer Buchse geführt und dichtet durch Drosselnuten gegen den Dampfdurchtritt. In die Schlußstellung kehrt das Ventil außer durch den Dampfdruck und sein Eigengewicht durch Federkraft zurück. Das Anschlußknie zur eigentlichen Pfeife hat einen Entwässerungsanschluß.

Die Hilfseinrichtungen der Lokomotive (Strahlpumpen, Dampfheizung, Luftpumpe, Lichtmaschine und Bläser) werden mit Naßdampf betrieben. Vor dem Führerhaus ist ein **Dampfentnahmestutzen** am Kessel vorgesehen, der den Dampf, um ihn möglichst trocken zu erhalten, durch eine innerhalb des Kessels verlegte Rohrleitung aus dem Reglerdom entnimmt. Der Stutzen sitzt auf dem Kesselscheitel und hat ein Hauptabsperrventil. Das Verteilstück trägt die Anschlüsse für die Strahlpumpen und die Dampfheizung. Zwei weitere Entnahmestutzen sind für die vorn liegenden Hilfsmaschinen, die Luftpumpe, die Lichtmaschine (Turbodynamo) und den Bläser beiderseits des Reglerdoms angebaut.

Sämtliche Dampfleitungen sind möglichst kurz gehalten und mit Glasgespinst isoliert, das außen durch einen Blechüberzug gegen Beschädigung geschützt ist. Die Dampfabsperrventile besitzen, soweit sie zum Anstellen und gleichzeitig zur Regelung der Hilfseinrichtung benutzt werden, einen Drosselkegel, der in die Dampfdurchtrittsöffnung hineinragt und jede gewünschte Feineinstellung gestattet.

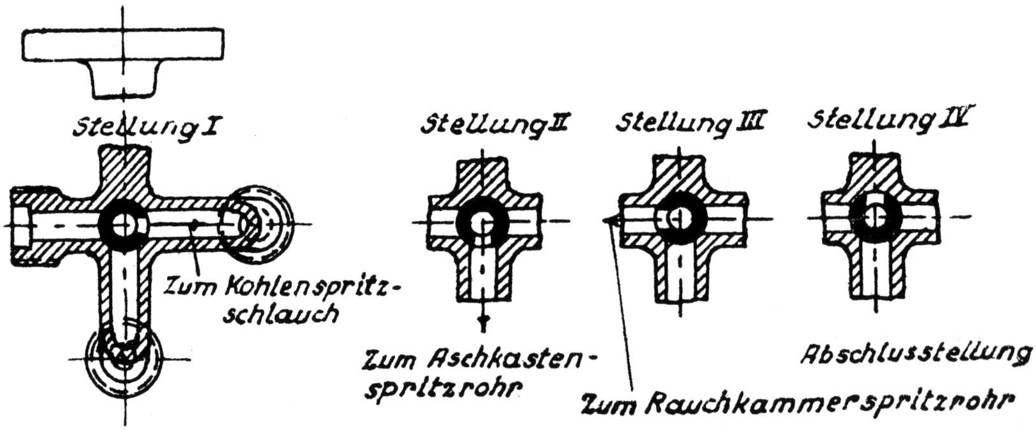

Bild 54. Vierwegehahn zur Näßvorrichtung

Die **Näßeinrichtung für die Kohlenspritze, Rauchkammer und Aschkasten** kann wahlweise durch einen Vierwegehahn (Bild 54) betätigt werden. Der Hahn ist, unter Zwischenschaltung eines Doppelrückschlagventils, an die Druckleitungen der Strahlpumpen angeschlossen.

Das Fahrgestell oder der Lokomotivwagen

Der Rahmen der Lokomotive ruht mittels der Tragfedern auf den Radsätzen. Sofern die Lokomotive noch ein Drehgestell hat, unterscheidet man neben dem Hauptrahmen noch den Drehgestellrahmen. Auf dem Rahmen ruht der Kessel. Gleichzeitig sind an ihm die Dampfzylinder und Kreuzkopfführungen befestigt. Im Drehgestellrahmen sind gewöhnlich dreh- und verschiebbar gelagerte Laufachsen untergebracht. Im Rahmen sind Ausschnitte zur Aufnahme der Achslager eingearbeitet. Diese Rahmenausschnitte werden unter den Achslagergehäusen durch Achsgabelstege zusammengehalten, um den Rahmen zu verstärken und ein Aufbiegen zu vermeiden. Ferner sind die Achslager-Stellkeilschrauben an den Achsgabelstegen befestigt. Zur senkrechten Führung der Achslager sind in den Ausschnitten Achslagerführungen angebracht.

Der **Lokomotivrahmen** ist äußerst starken Beanspruchungen unterworfen: Er hat die in den Dampfzylindern entwickelten Kolbenkräfte über die Achslager und den Zughaken als Zugkraft auf den angehängten Zug zu übertragen. Infolge der gegenseitigen Versetzung der Treibkurbeln um 90° treten Verwindungskräfte auf, welche die beiden Rahmenseiten gegenseitig zu verschieben suchen. Hinzu kommen die Massenwirkungen des Kessels, die sich bei hohen Geschwindigkeiten, schlechter Gleislage und in Krümmungen besonders stark belastend auf den Rahmen auswirken. Auch beim Hochnehmen der Lokomotive in der Werkstatt ist der Rahmen hohen Biegebeanspruchungen ausgesetzt. Dies alles erfordert einen äußerst kräftigen, durch stabile Querverstrebungen versteiften Rahmen.

Der Anordnung nach sind Innen- und Außenrahmen, den Rahmenwangen nach Blech- (oder Plattenrahmen) und Barrenrahmen zu unterscheiden.

Für Regelspurlokomotiven werden wegen des geringeren Gewichts und der besser anzubringenden Querverstrebungen hauptsächlich nur Innenrahmen verwendet. Außenrahmen kommen nur noch selten bei schmalspurigen Lokomotiven vor.

Die Rahmenwangen der Blechrahmen (oder Plattenrahmen) bestehen aus 20 bis 35 mm dickem Flußeisenblech. Die Rahmenausschnitte sind teils durch aufgenietete Verstärkungsbleche, teils durch geschlossene Achskastenführungen aus Stahlguß verstärkt. Die Wangen der Barrenrahmen werden aus flußeisernen Platten

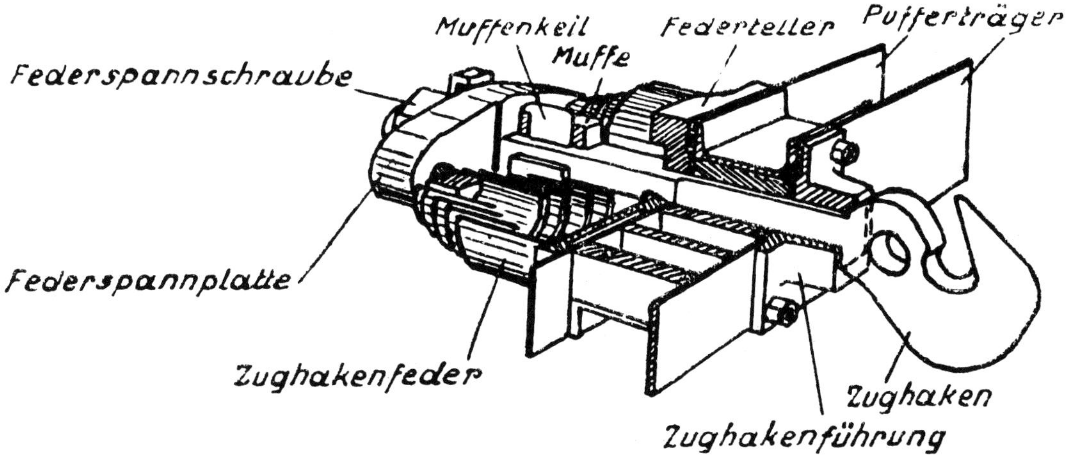

Bild 55a. Zughakenabfederung (ältere Ausführung)

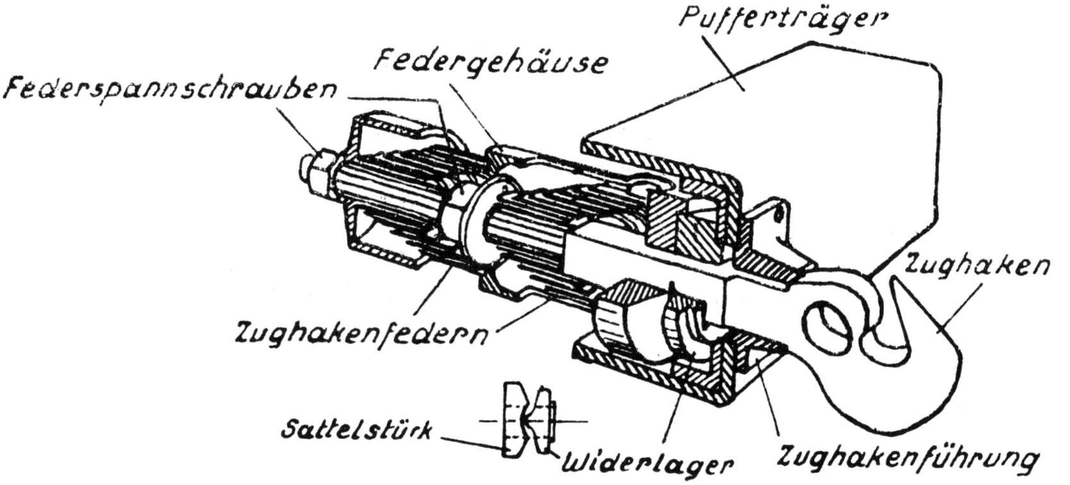

Bild 55b. Zughakenabfederung (für Einheitslok)

autogen herausgeschnitten bzw. herausgefräst. Auch sie erhalten in den hierfür vorgesehenen Ausschnitten zusätzliche Achslagerführungen, um Abnutzungen unmittelbar am Rahmen zu umgehen.

Die Querverbindungen der Rahmenwangen bestehen vorn aus dem Pufferträger und hinten aus dem Kuppelkasten (bei Tenderlokomotiven vorn und hinten aus je einem Pufferträger). Zwischen den Rahmenenden befinden sich weitere Rahmenquerverbindungen in Höhe der Treib- und Kuppelachslager, der Dampfzylinder, des Rauchkammerträgers und der Stehkesselträger, unterschiedlich abhängig von der Achsfolge und sonstiger Bauweise der Lokomotive. Bei Tenderlokomotiven werden die Rahmenquerverbindungen zum Teil auch als Wasserkästen ausgebildet.

Die Pufferträger der Lokomotiven dienen gleichzeitig zur Aufnahme der **Zug- und Stoßvorrichtung** und der auf diese ausgeübten Zug- und Stoßkräfte.

Die Zugvorrichtung besteht aus dem Zughaken mit der Schraubenkupplung, der Zughakenfeder und der Zughakenführung. Die Zughakenführung ist mit dem Pufferträger fest verbunden. Die Zughakenfederung nimmt die Zerrungen auf, die beim Anziehen auftreten und verhütet so eine Beschädigung des Pufferträgers. Bild 55 a und 55 b zeigt zwei verschiedenartige Ausführungen von Zughakenabfederungen. Bei der älteren Bauart (Bild 55 a) kann der Zughaken seitlich nicht ausschlagen; er wird daher in Gleiskrümmungen zusätzlich auf Biegung beansprucht. Man hat daher bei neuen Lokomotiven den Zughaken mit zwei auf der Zugstange hintereinander liegenden Wickelfedern abgefedert und den Zughaken in einer Schneide (Sattelstück und Widerlager) am Pufferträger gelagert, so daß er seitlich ausschlagen kann.

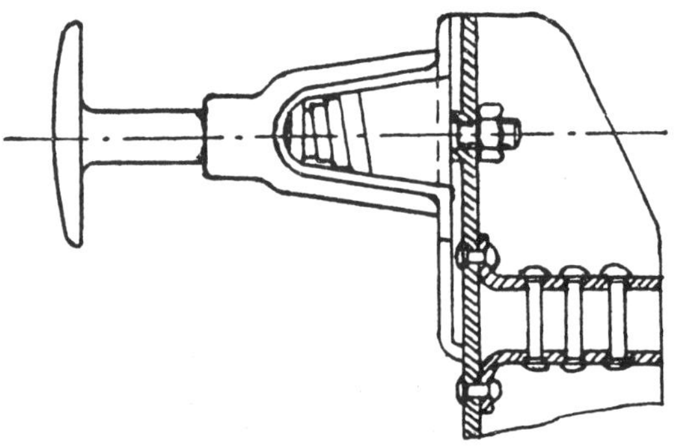

Bild 56. Stangenpuffer mit Schneckenfeder

Ältere Lokomotiven haben noch Stangenpuffer nach Bild 56. Diese Ausführung ist den gesteigerten Anforderungen im Betrieb nicht mehr gewachsen. Zur Vermeidung der vielen Verbiegungen der Pufferstangen und -teller wurde der im Bild 57 dargestellte Hülsenpuffer unter Beibehaltung der alten Pufferstange mit Stoßring und Schneckenfeder eingeführt. Da die Schneckenfedern die aufgenommene Stoßarbeit beim Entspannen in fast dem gleichen Maße wieder abgeben, treten durch wechselweise Be- und Entlastung der Puffer- und

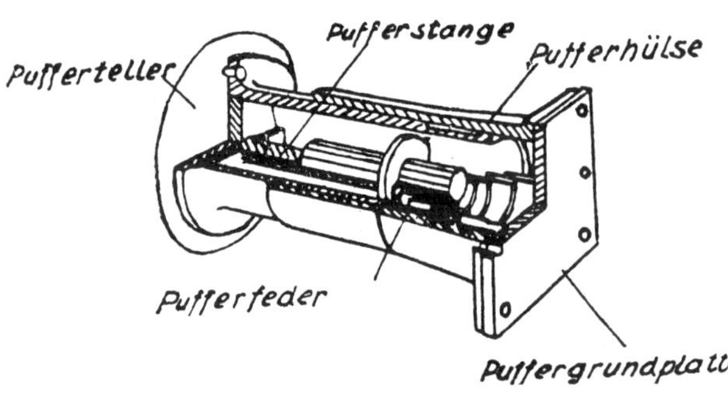

Bild 57. Hülsenpuffer mit Schneckenfeder

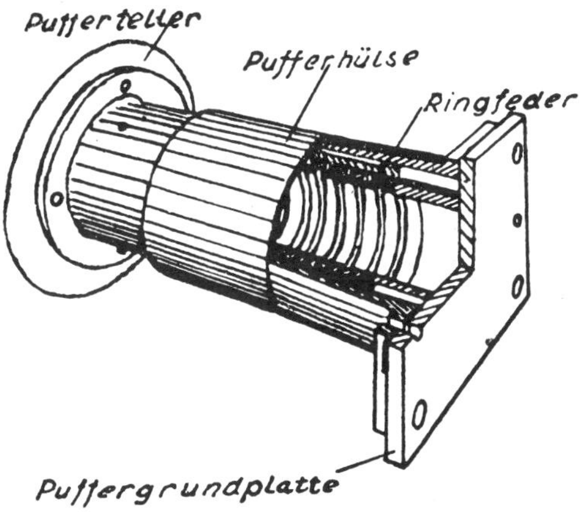

Bild 58. Hülsenpuffer mit Ringfeder

Zughakenfedern beim Bremsen und Anfahren Stöße und Zerrungen in den Zügen auf, die nicht selten zum Zerreißen der Zugeinrichtungen führen. Man baut daher jetzt Ringfedern in die Hülsenpuffer ein (Bild 58). Die Hülsenpuffer mit Ringfedern nehmen zwar beim Zusammendrücken die Stoßarbeit auf, sie geben aber beim Entspannen nur einen Teil davon wieder frei; sie wird zum großen Teil in Reibung bzw. in Wärme umgesetzt. Die Ringfeder besteht aus geschlossenen Stahlringen. Abwechselnd folgt auf einen kleinen Innenring immer ein großer Außenring, die mit kegelartigen abgedrehten Berührungsflächen ineinandergreifen. Durch die auf eine solche Ringfeder wirkende Stoßkraft werden die Außenringe aufgeweitet und die Innenringe zusammengedrückt und im Durchmesser verkleinert. Die vorübergehende Formänderung und die beim Ineinanderschieben der Ringfedern zwischen diesen verrichtete Reibungsarbeit verzehrt die auf den Puffer wirkende Stoßkraft. Beim Entspannen, wobei die Ringfedern ihre ursprüngliche Form wieder einnehmen, wird nur ein geringer Teil der aufgenommenen Stoßkraft wieder frei. Schädliche Auswirkungen treten hierbei nicht mehr auf.

Bei Lokomotiven mit besonderem Tender dient die am hinteren Ende des Rahmens angebrachte Querverbindung (Kuppelkasten), welche die feste Verbindung der Lokomotive mit dem Tender herstellt, gleichzeitig zur Aufnahme der Haupt- und Notkupplung (Bild 59). Die Notkupplung tritt erst beim Bruch der Hauptkupplung in Tätigkeit. Die Verbindung zwischen Lokomotive und Tender ist so beschaffen, daß die Lokomotive und der Tender ihre gegenseitige Lage in mäßigen Grenzen verändern und beim Befahren von Kurven sich wie gesonderte Fahrzeuge unabhängig voneinander bewegen können; sie sind daher nicht starr miteinander verbunden. Die Kupplung ist so beschaffen, daß sie dem Schlingern entgegenwirkt.

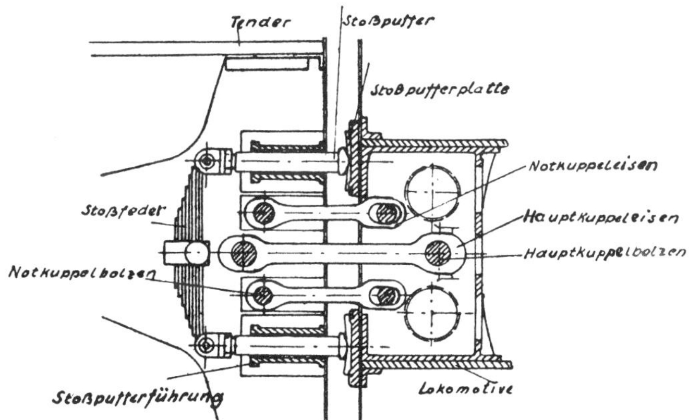

Stellung im geraden Gleis

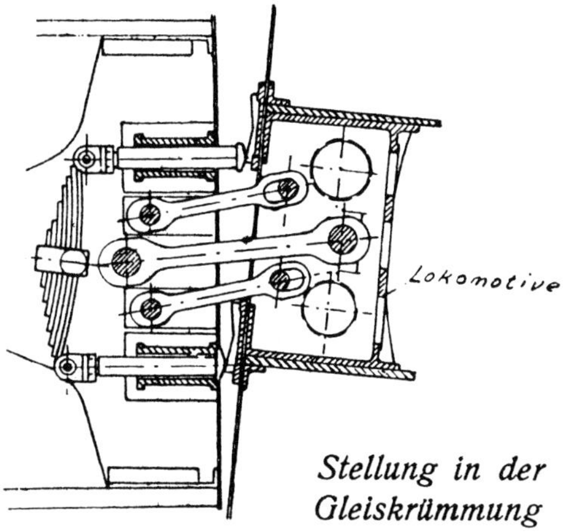

Bild 59. Kupplung zwischen Lokomotive und Tender

Die Verbindung zwischen Lokomotive und Tender besteht aus dem Hauptkuppeleisen und aus den beiden Notkuppeleisen mit den dazugehörigen Kuppelbolzen, aus der Stoßfeder, den beiden Stoßpuffern mit Führungen und den beiden Stoßpufferplatten. Das eine Auge des Hauptkuppeleisens ist oben und unten ausgerundet, damit beim Befahren von Gleisunebenheiten der Tender sich gegen die Lokomotive sowohl in waagerechter als auch in lotrechter Richtung verstellen kann. Die Augen an einem Ende der Notkuppeleisen sind länglich geformt, damit sie beim Durchfahren von Krümmungen nicht zwängen, wodurch leicht eine Entgleisung der Lokomotive herbeigeführt werden könnte. Die Stoßfeder mit Stoßpuffern ist im Zugkasten des Tenders eingebaut; die Stoßpufferplatten sind am Kuppelkasten der Lokomotive befestigt. Die Stoßfeder hat den Zweck, Lokomotive und Tender in einem bestimmten Abstand voneinander zu halten und Stöße zwischen Lokomotive und Tender aufzufangen und Schlingerbewegungen zu dämpfen. Die Stoßfeder legt sich mit ihren beiden Enden gegen die Stoßpufferstangen, deren Köpfe durch die Spannung der Stoßfeder fest an die Stoßplatten des Kuppelkastens der Lokomotive gepreßt werden. Auf diese Weise werden Lokomotive und Tender in unverrückbarem Abstand voneinander gehalten. Die zwischen Stoßpuffer und Stoßpufferplatten auftretende Reibung wirkt den beim Fahren auftretenden, seitwärts gerichteten, waagerechten Bewegungen von Lokomotive und Tender und damit den Schlingerbewegungen als Widerstand entgegen.

Von außen gegen die Stirnseite der Lokomotive gesehen, ist, wie bei allen Eisenbahnfahrzeugen, die Stoßfläche des rechten Puffers eben und die des linken Puffers um 25 mm nach einer Kugelfläche gewölbt ausgeführt. Dadurch ist erreicht, daß bei zwei aneinander stehenden Fahrzeugen stets ein ebener Pufferteller mit einem gewölbten in Berührung steht und die Stoßkräfte auch in Gleiskrümmungen annähernd auf die Mitte der Puffergrundplatte übertragen werden.

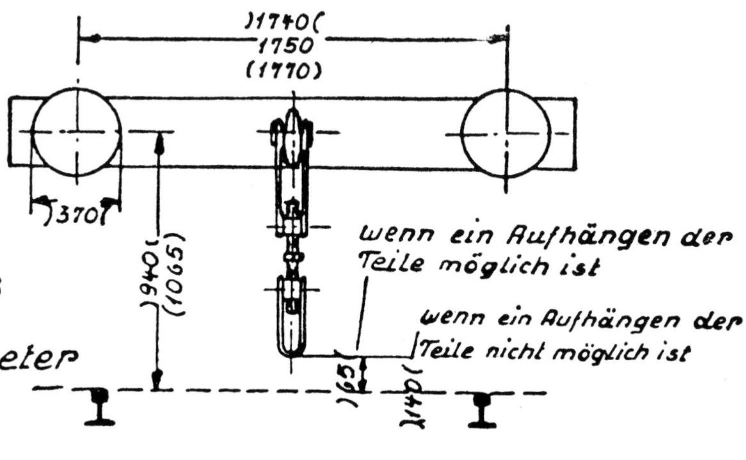

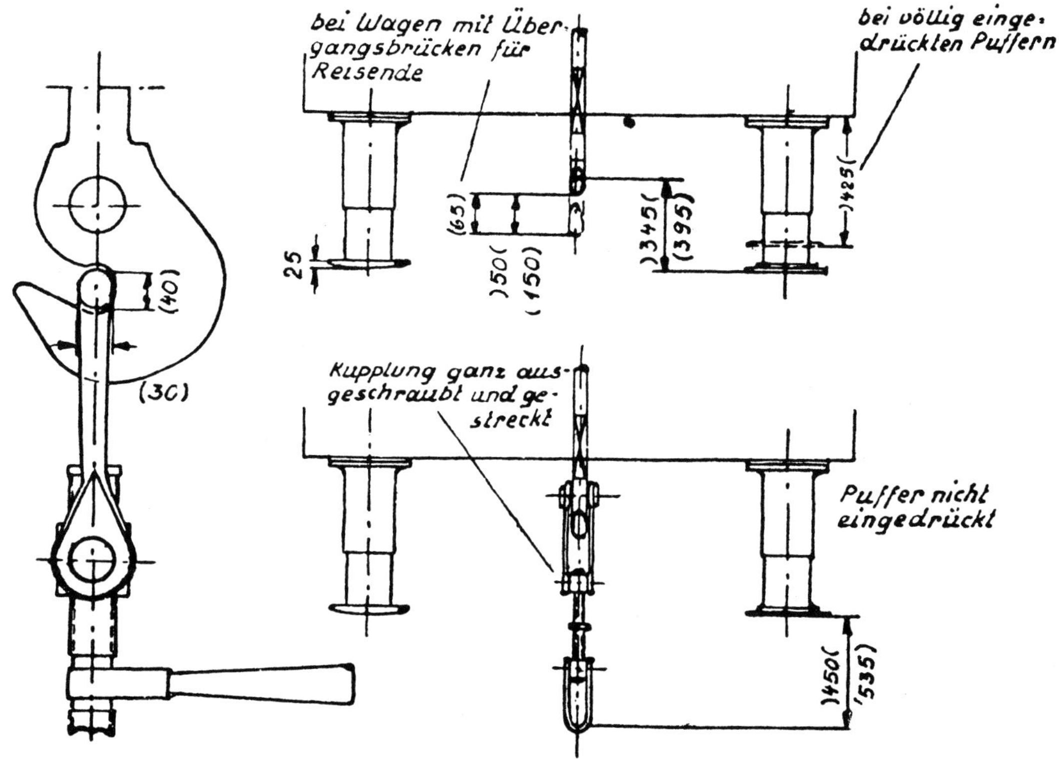

Bild 60. Zug- und Stoßvorrichtung neuer Fahrzeuge

Nach der Eisenbahn-Bau- und Betriebsordnung § 33 sind die folgenden Maße für die Zug- und Stoßvorrichtungen festgelegt und einzuhalten (Bild 60):

Höhe der Mittelebene über Schienenoberkante

mindestens (bei belasteten Fahrzeugen) . . . . 940 mm

höchstens (bei unbelasteten Fahrzeugen) . . . . 1065 mm

Abstand von Mitte zu Mitte Puffer . . . . 1750 mm

als Regel

mindestens . . . . 1740 mm

höchstens . . . . 1770 mm

Abstand des Zughakens von den Puffern, gemessen vom Angriffspunkt des nicht angezogenen Hakens bis zur Ebene der nicht eingedrückten Puffer

mindestens . . . . 345 mm

höchstens . . . . 395 mm

Durchmesser des Bügels der Schraubenkupplung am Berührungspunkt mit dem Zughaken

mindestens . . . . 30 mm

Pufferscheiben müssen so bemessen sein, daß die Puffer beim Durchfahren von Krümmungen von 180 m Halbmesser nicht hintereinandergreifen können. Der Durchmesser darf nicht kleiner sein als . . . . . 340 mm

Man unterscheidet **Lauf-, Treib- und Kuppelradsätze.** Die Laufachsen sind nur zum Tragen eines Teiles des Lokomotivgewichtes bestimmt. Sie übernehmen auch die Führung der Lokomotive in den Gleisen. Die Treibachsen werden von der Dampfmaschine unmittelbar angetrieben und übernehmen die Fortbewegung der Lokomotive auf den Schienen. Um das Reibungsgewicht und damit die Leistungsfähigkeit der Lokomotive zu steigern, werden je nach der erforderlichen Zugkraft eine oder mehrere Tragachsen mit der Treibachse durch Kuppelstangen so verbunden, daß sie die Treibkraft der Maschine mit übertragen und dadurch die Lokomotive mit fortbewegen.

Ein Radsatz besteht aus den beiden Rädern und der zugehörigen Achse. An jeder Achse unterscheidet man die Achswelle, den Radsitz und den Achsschenkel mit Bund; bei Kropfachsen außerdem den Kurbelarm und den Kurbelzapfen. Es gibt Scheibenräder und Speichenräder. Für Lokomotiven werden mit nur wenig Ausnahmen nur Speichenräder verwendet. Jedes Rad besteht aus der Radnabe, den Speichen und dem Unterreifen. Bei Treib- und Kuppelrädern kommt hinzu noch der unter hohem Druck eingepreßte und mit einem Keil gesicherte Treib- bzw. Kuppelzapfen und das eingegossene Gegengewicht.

Da sich die Laufflächen der Räder stark abnutzen, werden auf den Unterreifen auswechselbare Radreifen aus Tiegelstahl im warmen Zustand mit Schrumpfmaß warm aufgezogen. Das Schrumpfmaß beträgt einen Millimeter auf einen Meter Innendurchmesser. Damit der Radreifen, wenn er bricht oder lose wird, sich nicht vom Unterreifen trennen kann, wird er durch einen eingewalzten Sprengring gesichert. Die Lauffläche des Radreifens hat eine kegelförmige Form und geht auf der Innenseite in den Spurkranz über. Der äußere Raddurchmesser ist daher dort, wo der Spurkranz anschließt, größer als an der Außenseite des Rades. Durch diese Formgebung des Radreifens wird ein Gleiten der Räder beim Durchfahren von Kurven verhindert und die Spurkranzreibung im geraden Gleis gemindert.

In der Eisenbahn-Bau- und Betriebsordnung ist für die Radsätze der normalspurigen Fahrzeuge (Spurweite 1435 mm) folgendes festgelegt:

Die Räder eines Radsatzes dürfen auf der Achswelle seitlich nicht verschiebbar sein.

Der lichte Abstand der Räder einer Achse richtet sich nach den Maßen im Bild 61.

Die Radreifen der Schlepptender und Wagen müssen in abgenutztem Zustand im Laufkreis einen Durchmesser von mindestens 840 mm haben. Der Laufkreis ist der Kreis, in dem eine zur inneren Stirnfläche des Radreifens parallele Ebene im Abstand von 70 mm von dieser Stirnfläche die Lauffläche des Rades schneidet.

Die Räder müssen Spurkränze haben. Sind aber drei oder mehr Achsen in demselben Rahmen gelagert, so können die Spurkränze unverschiebbarer Zwischenachsen weggelassen werden, wenn diese unter allen Umständen eine genügende Auflage auf den Schienen finden.

An den Rädern müssen in neuem und abgenutztem Zustand die im Bild 61 angegebenen Maße eingehalten werden.

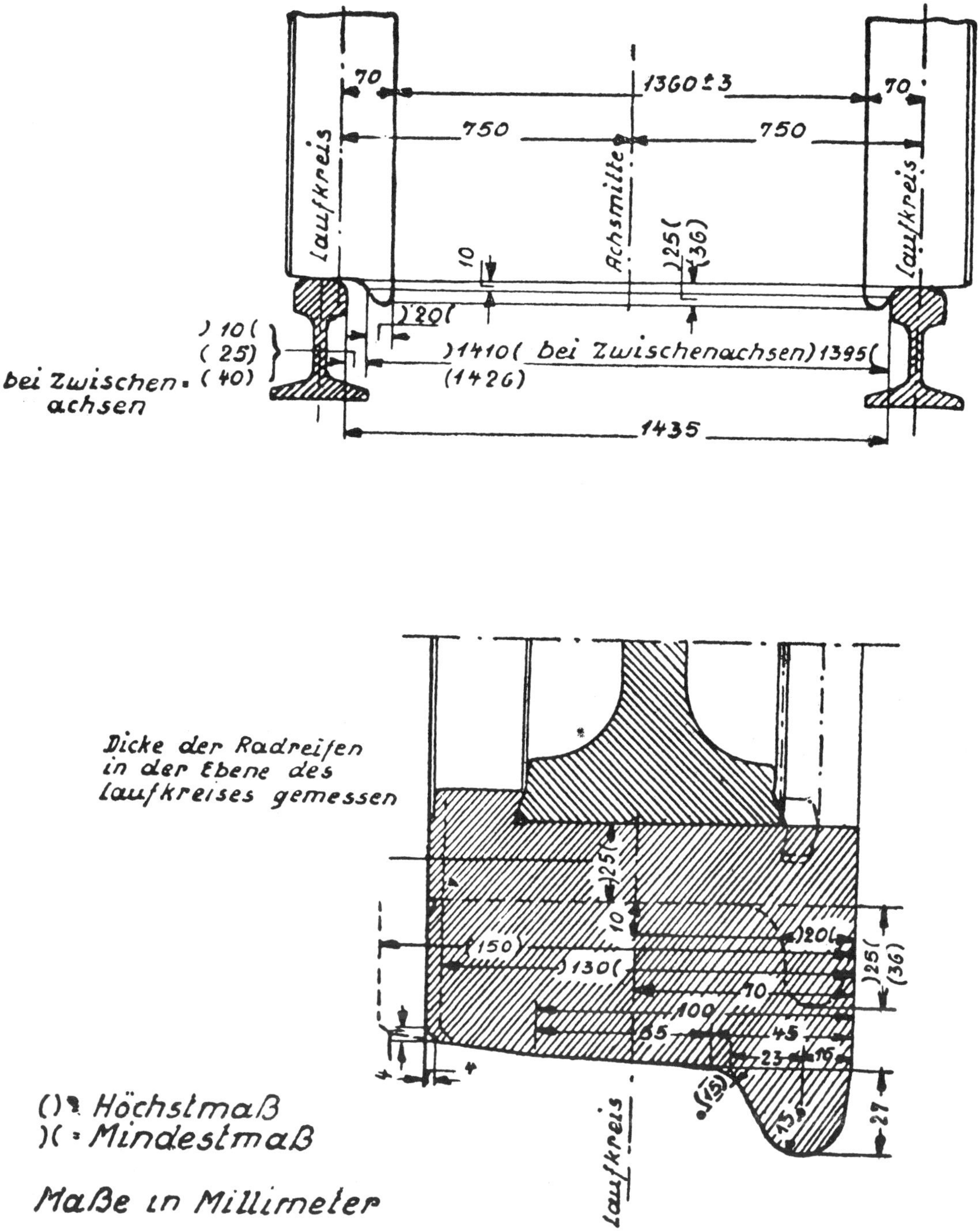

Bild 61. Räder (Maße)

Es muß betragen:

a) die Stärke des Radreifens in der Ebene des Laufkreises gemessen mindestens noch 25 mm;
b) die Höhe des Spurkranzes über dem Laufkreise mindestens 25 und höchstens 36 mm. Da der Spurkranzscheitel 28,25 mm außerhalb des Laufkreises liegt, so ist die größte zulässige Abnutzung der Lauffläche in der Laufkreisebene bezogen auf den Halbmesser 36 — 28,25 = 7,75 mm;
c) die Mindeststärke des Spurkranzes 20 mm;
d) der Spielraum der Spurkränze im Gleise von 1435 mm Spurweite, gemessen nach Verschiebung der Achse bis zum Anlauf an der einen Schiene und 10 mm außerhalb der Laufkreise, mindestens 10 mm, höchstens 25 mm.

Die Bahnbetriebswerke haben für die Auswechselung von Achsen folgendes zu beachten:

Ein Radreifen muß nachgedreht werden, wenn

a) die Abnutzung der Lauffläche, bezogen auf den Halbmesser, bei den Treib-, Kuppel- und Laufradsätzen der Lokomotiven und Tender 7,5 mm erreicht hat oder die Lauffläche um 2 mm hohlgelaufen ist (sogenannter falscher Spurkranz);
b) die Abnutzung an dem stärker angegriffenen Spurkranz, gemessen in waagerechter Richtung 10 mm außerhalb des Laufkreises, 7 mm erreicht hat. Empfohlen wird aber, schon bei 5 mm Abnutzung den Reifen abzudrehen;
c) sich an dem Spurkranz durch Abnutzung eine scharfe Kante gebildet hat;
d) Quer- und Längsrisse oder größere unganze Stellen vorhanden und
e) seine Lauffläche flache Stellen oder Schlaglöcher hat, deren Pfeilhöhe 2 mm überschreitet. Bei Güterzug- und Rangiermaschinen darf die Pfeilhöhe bis 3 mm anwachsen, wenn die Reifen zum letzten Male abgedreht sind.

Ein Radreifen muß ausgewechselt werden, wenn:

a) er lose auf dem Radkörper sitzt oder Spuren einer seitlichen Verschiebung zeigt;
b) er gesprungen ist;
c) Quer- oder Längsrisse oder unganze Stellen durch Abdrehen nicht beseitigt werden können;
d) seine Stärke im Laufkreis gemessen nur noch 30, bei ungebremsten Laufradsätzen 25 mm beträgt.

Ein Radreifen ist fest, wenn er beim Anschlagen mit dem Hammer hell klingt; lose, wenn er klirrt oder dumpf klingt, wenn er sich auf dem Radkörper gedreht hat oder Roststaub oder Eisenspäne deutlich sichtbar an der ringsumlaufenden Fuge zwischen dem Unterreifen und dem Radreifen auftreten.

Nutzt sich bei einem Radsatz der eine Reifen stärker ab als der andere, so können Tender-, Lauf- und Kuppelradsätze, mit Ausnahme der Treibradsätze, um 180° gewendet werden. Die Achslagergehäuse dürfen nicht mit umgewechselt werden, deshalb sind die Achslagerschalen auf die getauschten Schenkel aufzupassen.

Die Laufkreisdurchmesser der Treib- und Kuppelräder betragen bei:

Schnellzuglokomotiven	1800 mm und mehr
Personenzuglokomotiven	1500—1700 mm
Güterzuglokomotiven (mit Ausnahme der Schnell-Güterzuglokomotiven) bis	1400 mm

Die großen Raddurchmesser der Schnellzuglokomotive ergeben auch bei hohen Geschwindigkeiten einen ruhigen Lauf und nicht zu große Kolbengeschwindigkeiten. Die Güterzuglokomotiven erhalten, um größere Zugkräfte zu erreichen, aber auch wegen der geringeren Geschwindigkeiten, kleinere Treibraddurchmesser. Die Kolbenkräfte werden mit einem größeren Übersetzungsverhältnis auf den Radumfang übertragen.

Der Lokomotivrahmen liegt mit den **Achslagern** auf den Radsatzschenkeln. Die Achslager übertragen das Lokomotivgewicht, unter Zwischenschaltung von Federn zum Abfangen senkrechter Stöße, auf die Räder. Das Achslager besteht aus dem Achslagergehäuse, der Achslagerschale, dem Achslagerunterkasten und der Schmiervorrichtung.

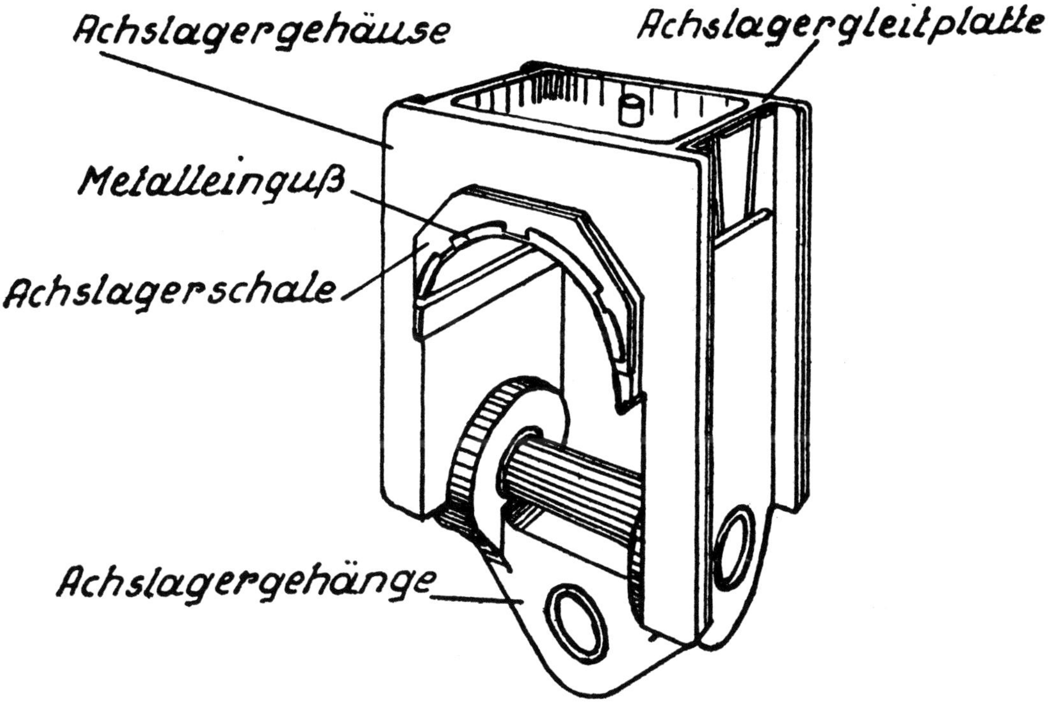

Bild 62. Achslager mit unterer Abfederung

Das Achslagergehäuse (Bild 62) hat eine hufeisenähnliche Form; es besteht entweder aus gepreßtem Stahl oder aus Stahlguß. Die Lagerschale besteht aus Rotguß (85 % Kupfer, 9 % Zinn, 6 % Zink — Rg 9 —) und ist mit einem Weißmetallausguß versehen. Damit ist erreicht, daß beim Heißlaufen der Achslagerschenkel noch auf Rotguß läuft. Die Lagerschale ist außen eckig (prismaförmig) gestaltet und besitzt zwei Lappen, damit sie sich im Achslagergehäuse nicht drehen und in Richtung der Achse nicht verschieben kann. Der Achslagerunterkasten besteht aus Gußeisen und dient zur Aufnahme der Schmiervorrichtung; diese besteht aus dem Schmiergestell mit Federn, dem Schmierpolster und den Saugdochten. Das im Achslagerkasten befindliche Schmieröl wird durch die Saugdochte dem Schmierpolster und durch dieses dem Achsschenkel zugeführt. Im oberen Teil des Achslagergehäuses ist ein Hohlraum, der zur Aufnahme von Schmieröl gedacht ist. Von diesem Ölbehälter kann mittels Schmierröhrchen und Saugdochten dem Achsschenkel auch Öl zugeführt werden. Es besteht so im Bedarfsfall (Warmlaufen) die Möglichkeit, dem Achsschenkel auch von oben eine entsprechend größere Menge Schmieröl zusätzlich zuzuführen und dadurch größeren Schaden zu verhüten.

Das Achslagergehäuse muß um das Federspiel senkrecht in den Rahmenausschnitten gleiten können. Das Achslagergehäuse besitzt seitlich zwei Achslagergleitplatten aus Rotguß; deren seitliche Führungsleisten umfassen die Achslagerführungen am Rahmen.

Die Dampfkraft im Zylinder drückt bei dem fortwährenden Wechsel der Bewegungsrichtung des Kolbens die Achslager der Treib- und Kuppelachsen abwechselnd an die Vorder- und Rückseite der Achslagerführungen, während gleichzeitig die Unebenheiten des Gleises eine ständig auf- und abgehende Bewegung des Achslagers verursachen. Die Folge ist eine baldige Abnutzung dieser unter Druck aufeinander gleitenden Teile. Ist die Abnutzung weiter fortgeschritten, so schlägt das Achslager zwischen den Achslagerführungen während der Fahrt ständig hin und her, wodurch Brüche an der Rahmenwange oder an der Lagerschale herbeigeführt werden können. Man hat deshalb einen nachstellbaren Keil (Achsstellkeil) angeordnet (Bild 63 und 64), der es gestattet, die jeweilige Abnutzung der aufeinander gleitenden Flächen auszugleichen. Die Stellvorrichtung ist so beschaffen, daß sich beim Nachstellen (anziehen) der Keile der Radstand nicht ändern kann. Zu diesem Zweck sind alle Stellkeile auf der gleichen Seite der Achslagerführungen angeordnet. Zum Einbau der Stellvorrichtung mit dem Stellkeil ist eine Seite der Achslagerführungen schräg ausgearbeitet. Bei Lauf- und Tenderachsen ist die Anordnung von Stellkeilen nicht erforderlich, weil diese Achsen beim Fahren nur gezogen oder geschoben werden und dabei keinen besonders großen Seitendruck erhalten. Die Stellkeileinrichtung ist am Achsgabelsteg befestigt, sie besteht aus dem Achslagerstellkeil, der Stellkeilschraube mit Stellmutter und Sicherung. Die Form des Keils richtet sich nach der Form des Rahmens. Bei Barrenrahmen ist der Keil so geformt, daß er den Rahmenausschnitt seitlich umfaßt, selbst aber als Achslagerführung dient.

Ist der Keil zu stark angezogen, so klemmt sich das Achslagergehäuse zwischen Keil und Achslagerführung fest, die Wirkung der Tragfeder ist dadurch ausgeschaltet und die Lokomotive stößt beim Fahren heftig. Ist der Achslagerstellkeil zu wenig angezogen, so schlägt das Achslager in der Richtung der Rahmenachse hin und her.

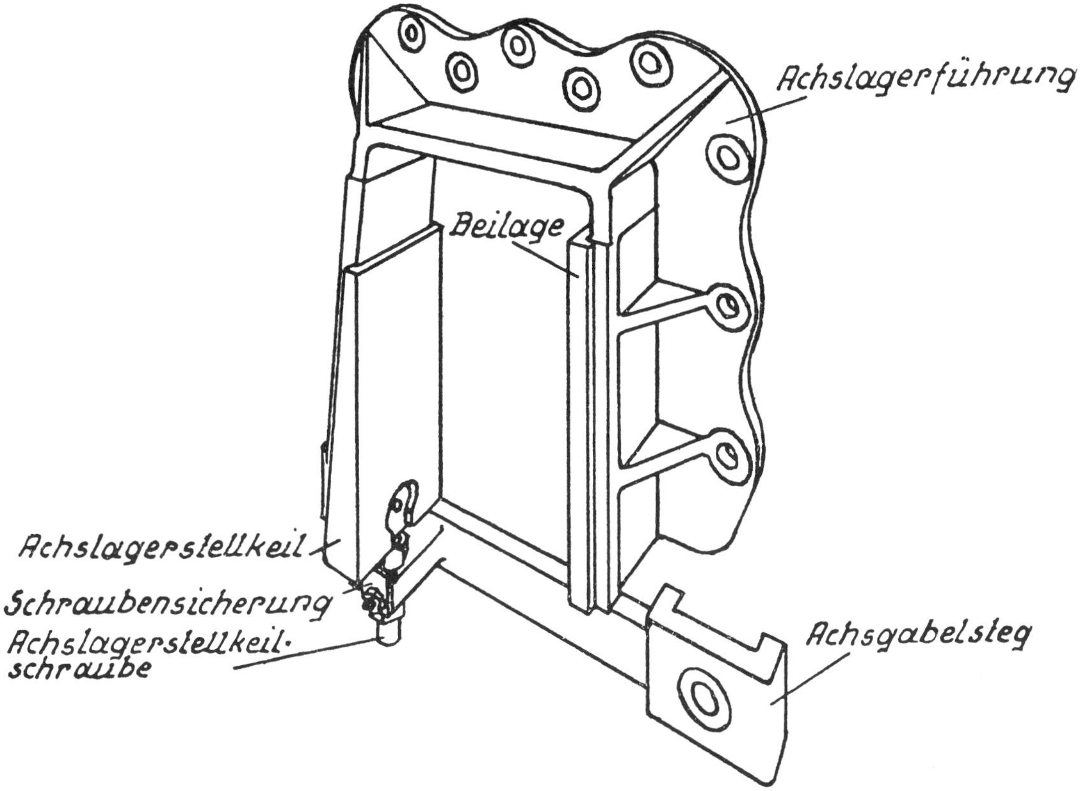

Bild 63. Achslagerführung, Stellkeil und Achsgabelsteg beim Blechrahmen

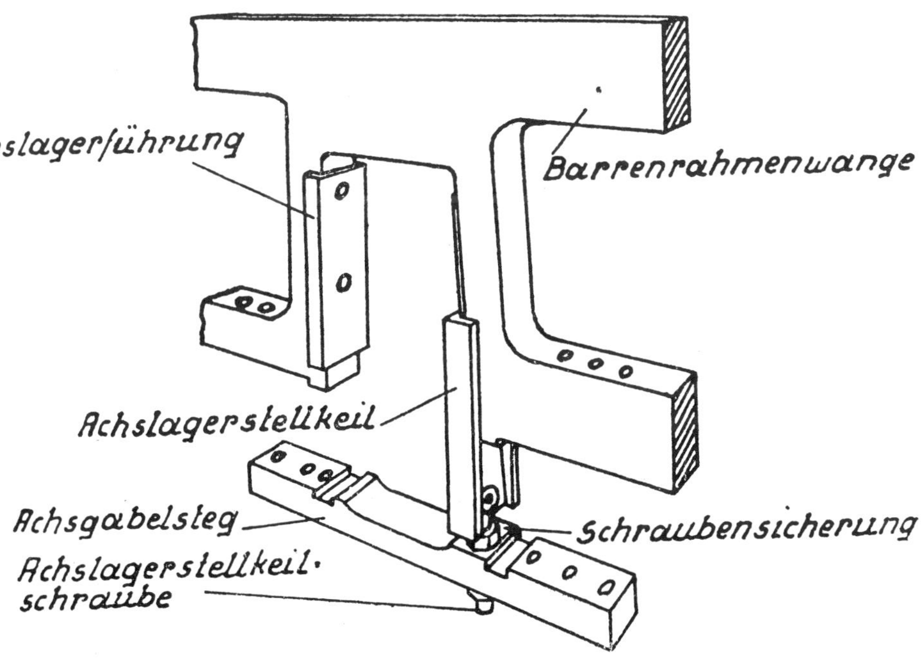

Bild 64. Achslagerführungen beim Barrenrahmen

Die Lagerschale des einfachen, bisher beschriebenen Achslagers umfaßt den Achsschenkel nur auf der oberen Hälfte. Da diese Bauart wenig geeignet ist, die bei den neueren Lokomotiven auftretenden großen waagerechten Kolbenkräfte aufzunehmen, und u. U. ein Abheben des Lagers vom Achsschenkel zu verhüten, werden die Treibachsschenkel neuerer Lokomotiven etwa auf drei Viertel ihres Achsschenkelumfanges umfaßt. Man hat daher die Treibachsen neuerer Lokomotiven in dreiteiligen Achslagern der Bauart Obergethmann bzw. in den verbesserten Achslagern der Bauart Mangold gelagert.

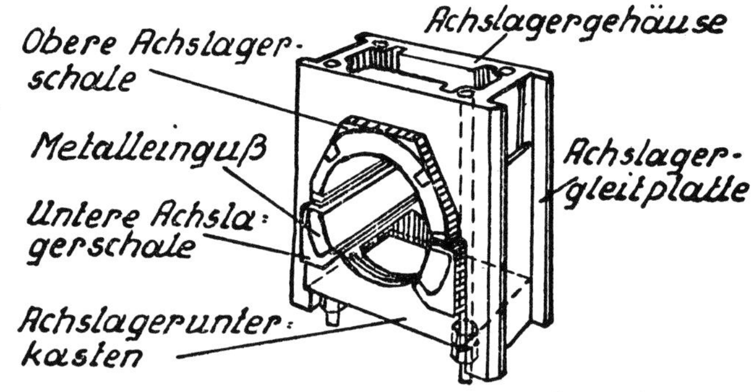

Bild 65. *Treibachslager Bauart Obergethmann*

Das nach seinem Erfinder benannte Obergethmann-Lager (Bild 65) hat zwei untere, gleichfalls mit Weißmetall ausgegossene Achslagerschalen (Hilfslagerschalen), die sich auf den dafür entsprechend ausgebildeten Achslagerunterkasten stützen. Zwei starke Achslagerschrauben halten das Achslagergehäuse, die unteren Achslagerschalen und den Achslagerunterkasten auf jeder Seite zusammen. Zwischen der oberen Hauptlagerschale und der unteren Hilfslagerschale sind Blechbeilagen verschiedener Stärke eingelegt, die entsprechend dem Verschleiß ein Nachstellen ermöglichen.

Das verbesserte Mangoldlager (Bild 66) ermöglicht ein leichteres Nachstellen der Seitenlagerschalen. Es besteht aus einer oberen Achslagerschale und zwei durch Keile nachstellbaren seitlich angeordneten unteren Lagerschalen. Durch das seitliche Nachstellen der unteren Achslagerschalen soll der sich im Betrieb ergebende Verschleiß der Lagerbohrung ausgeglichen und damit die für das Laufwerk notwendige gute Lagerführung der Treibachse erhalten bleiben.

Beim Befahren des Gleises ergeben sich durch die Unebenheiten, besonders an den Schienenstößen und Weichen, senkrecht wirkende Schläge, die mit zunehmen-

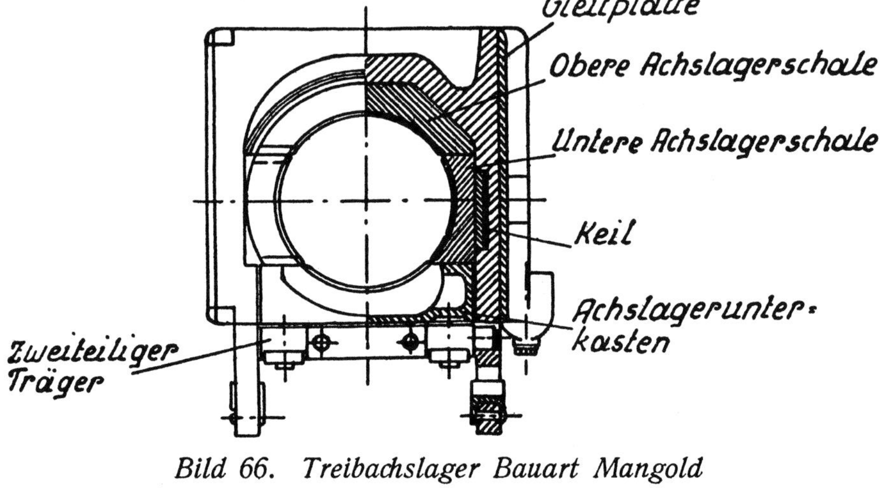

Bild 66. *Treibachslager Bauart Mangold*

der Fahrgeschwindigkeit sich vergrößern und sich auf die Achslager und Räder sowie alle Bauteile des Rahmens, aber auch auf die Schienen und den gesamten Oberbau schädlich auswirken.

Um diese schädlichen Einflüsse weitestgehend zu beseitigen, bringt man zwischen den Rädern bzw. ihren Achslagern und dem Rahmen federnde Zwischenteile — gewöhnlich in Form von Blattfedern — an. Die **Federn** biegen sich unter der Stoßwirkung der fahrenden Lokomotive durch und fangen dabei die Stöße auf. Infolge der Durchbiegung der Federn kommen die senkrechten Stöße nur als höhere Belastung der Schienen zur Wirkung. Die einzelnen Federblätter sind aus gutem Flußstahl (Federstahl) hergestellt, der nach dem Härten so zäh und elastisch ist, daß er selbst bei den höchsten zulässigen Beanspruchungen weder bricht noch sich bleibend durchbiegt. Man macht die Federn so lang als möglich, weil dadurch die Elastizität der Feder größer wird und damit die schädliche Wirkung des Stoßes abnimmt. Ein einzelnes Federwerk besteht aus der Tragfeder mit Federbund, der Federstütze mit Führung bzw. dem Achslagergehänge, den Federspannschrauben mit Muttern, Sattelscheiben und dem Federsattel (Federdruckplatte). Die Form des Federbundes richtet sich danach, ob die Feder ober- oder unterhalb des Achslagers angebracht ist. Ist die Feder unterhalb des Achslagers angebracht, so hat die Federstütze die Form eines Bügels. Die Federspannschrauben dienen zur Verbindung der Feder mit dem Rahmen oder dem Ausgleichhebel und zum Spannen der Feder.

Die Ausgleichhebel dienen dazu, die Lastverteilung der einzelnen Achsen zu regeln, außerdem die Zahl der Stützpunkte der Lokomotive zu vermindern und die Belastung der einzelnen Achsen voneinander abhängig zu machen. Man verbindet zu diesem Zweck die Federn zweier benachbarter Achsen durch einen Ausgleichhebel; dieser kann als gerader oder als Winkelhebel ausgeführt sein. Der Drehpunkt des Ausgleichhebels ist mit dem Rahmen, die beiden Arme mit den Federspannschrauben der betreffenden Feder verbunden. Soll eine mittels Ausgleichhebel verbundene Achse einen kleineren oder größeren Lastanteil erhalten, so müssen die Ausgleichhebelarme in ungleicher Länge ausgeführt werden. Bei Anordnung der Federn ist auf die störenden Bewegungen der Lokomotive Rücksicht zu nehmen. Tritt, bei durch Ausgleichhebel verbundenen Achsen, beim Fahren aus irgend einer Ursache eine teilweise Be- oder Entlastung der einen Achse auf, so wird durch den Ausgleichhebel diese Belastungsstörung auf die andere Achse mit übertragen. Es nehmen dann beide Achsen gleichzeitig an der Belastungsstörung teil, und es wird diese dadurch für jede einzelne der beiden Achsen nur halb so groß.

Bei den Lokomotiven der Bauartreihen 41 und 45 kann das Hebelverhältnis durch einfaches Umstecken der Ausgleichhebel-Drehpunktbolzen verändert werden. Der Achsdruck der gekuppelten Radsätze kann dadurch von 20 auf 18 to herabgesetzt werden, sofern die Lokomotiven auf Strecken mit leichterem Oberbau eingesetzt werden sollen.

Störende Bewegungen. Während der Fahrt treten bei den Lokomotiven Bewegungen auf, durch die mehr oder weniger große Änderungen in der Belastung einer oder mehrerer Achsen hervorgerufen werden. Diese Bewegungen sind störend. Zu den wichtigsten störenden Bewegungen, die unruhigen Lauf, Unsicherheit des Ganges und raschen Verschleiß einzelner Lokomotivteile verursachen, gehören:

1. **Das Zucken.** Es ist dies eine stoßende Bewegung in der Längsrichtung. Es entsteht durch die Vor- und Rückwärtsbewegung der nicht ausgeglichenen Anteile der geradlinig bewegten Massen (Kreuzkopf, Kolben mit Stange, dem geradlinig bewegten Teil der Treibstange und Dampfschieber mit Zubehör).
2. **Wanken.** Dieses entsteht durch die zeitlich ungleichen Kreuzkopfdrücke und einseitig hohe Schienenanlage. Die Lokomotive wird abwechselnd einseitig gehoben oder gesenkt und dadurch in eine schwankende Bewegung versetzt.
3. **Nicken.** Liegen in geraden Strecken Unebenheiten des Gleises (z. B. Schienenstöße) einander unmittelbar gegenüber, so treffen die Unebenheiten die beiden Räder ein und derselben Achse gleichzeitig. Die Lokomotive wird dadurch in eine auf- und abwärtsgehende Bewegung versetzt. Diese Bewegung heißt Nicken.
4. **Schlingern.** Es ist dies eine Drehbewegung der Lokomotive um ihre senkrechte Schwerpunktachse und äußert sich dadurch, daß die Lokomotive bei Fahrt hin- und herpendelt. Das Schlingern hat seine Ursache in der kegelförmigen Gestalt der Radreifen; außerdem werden Schlingerbewegungen hervorgerufen durch die zeitlich ungleichen Drehkräfte der einzelnen Triebwerkseiten.

Am Nicken und Schwanken nimmt nur der auf den Federn ruhende Teil der Lokomotive teil. Dem Nicken und Schwanken kann man durch Anwendung eines großen Radstandes und entsprechende Federanordnung entgegenwirken. Zu diesem Zweck verbindet man beispielsweise die Federn der ersten und zweiten Achse mit einem Ausgleichhebel.

Das Zucken und Schlingern kann durch Gegengewichte unschädlich gemacht, aber nicht ganz beseitigt werden, weil die geradlinig bewegten Triebwerksmassen wegen Entgleisungsgefahr nicht ganz ausgeglichen werden können. Andere Mittel, dem Schlingern zu begegnen, sind ein langer Radstand und entsprechende Einrichtung der Kupplung zwischen Lokomotive und Tender (Stoßpufferreibung); außerdem strammes Kuppeln der Lokomotive mit dem Zuge.

Um die Drehmassen auszugleichen, bringt man in den Rädern Gegengewichte an, die zu den Kurbel- und Kuppelzapfen unter einem gewissen Winkel versetzt sind. Die hin- und hergehenden Massen werden gleichfalls durch Gegengewichte ausgeglichen, jedoch nur in bestimmten Grenzen. Wenn nämlich die Treibkurbel auf ihrem tiefsten Hube steht, so sucht der Anteil der Fliehkraft, welcher von dem Ausgleichgewicht der geradlinig bewegten Massen herrührt, das Rad von der Schiene abzuheben. Man ist deshalb gezwungen, die Ausgleichung der hin- und hergehenden Massen nur soweit vorzunehmen, daß die bei der Höchstgeschwindigkeit der Lokomotive auftretende Fliehkraft eine bestimmte Größe (15/100 der ruhenden Radbelastung) nicht überschreitet. Die Gegengewichte haben den Zweck, die Schwungmassen auszugleichen und dem Schlingern und Zucken entgegenzuwirken.

Auf die Größe der Gegengewichte hat Einfluß: Das Gewicht der auszugleichenden Massen, der gegenseitige Abstand der Zylindermitten, Länge der Treib- und Kuppelstangen, der Abstand des Gegengewichts von der Achsmitte und die Entfernung der Radmitten voneinander.

Die Treib- und Kuppelachsen der meisten Lokomotiven liegen fest im Rahmen und lassen eine seitliche Verschiebung nicht zu. Die Räder auf einer Lokomotivseite liegen daher in einer geraden Linie. Beim Befahren von Krümmungen werden die Tragstellen der Radreifen der äußeren und mittleren Räder ihrer Lage nach um so mehr voneinander abweichen, je größer der **Radstand** der Lokomotive und je kleiner der Krümmungshalbmesser der Kurve ist. Ist für einen bestimmten Krümmungshalbmesser der Kurve der Radstand zu groß, so kann der Fall eintreten, daß einzelne Räder die Schienen nicht mehr treffen, sondern zwischen die Schienen fallen. Man unterscheidet den festen Radstand und den Gesamtradstand. Unter festem Radstand versteht man den Abstand der beiden äußersten im Rahmen festgelagerten Achsen voneinander. Unter Gesamtradstand versteht man die gegenseitige Entfernung beider Endachsen. Mit Rücksicht auf den ruhigen Gang der Lokomotive soll der Gesamtradstand möglichst groß sein.

Die Gesamtzahl der erforderlichen Achsen einer Lokomotive hängt ab vom Gesamtgewicht der Lokomotive und von der zulässigen Schienenbelastung, d. h. von dem Druck, mit dem eine Achse auf die Schienen drücken darf. Die größte Schienenbelastung für eine Achse schwankt zwischen 16 bis 20 to. Man ist daher bei großem Lokomotivgewicht gezwungen, bis zu sechs Achsen und mehr anzuordnen. Bei großem Durchmesser der Räder ist es dann nicht mehr möglich, die für feste Achsen vorgeschriebenen Radstände einzuhalten. In diesem Fall ist man gezwungen, einzelne Achsen in besonderen drehbaren Gestellen unterzubringen oder verschiebbare Einzelachsen anzuordnen, um das sichere Durchfahren von Kurven zu gewährleisten.

Um den Lokomotiven eine bestimmte **Kurvenlauffähigkeit** zu geben, bedient man sich folgender Mittel:

a) Drehgestelle
b) Verschiebbarer Einzelachsen
c) Schwächer gedrehter Radspurkränze.

Drehgestelle werden gewöhnlich am vorderen Ende der Lokomotive angebracht und dienen dazu, die Führung der Lokomotive zu übernehmen und das Durchfahren von Kurven zu erleichtern. Ein richtig gebautes Drehgestell soll folgende drei Bewegungen ausführen können:

1. Eine Seitenverschiebung senkrecht zur Gleisachse.
2. Eine Drehbewegung um den Mittelpunkt der Gestellführung.
3. Eine Schrägstellung gegen die Horizontale.

An Stelle von Drehgestellen verwendet man auch mit Vorteil verschiebbare Einzelachsen. Solche werden gewöhnlich am vorderen Ende der Lokomotive angebracht. Bei Tenderlokomotiven sind solche gleichzeitig an beiden Enden angeordnet. Man unterscheidet seitlich verschiebbare Laufachsen und radial einstellbare Laufachsen.

Die Einstellung der Drehgestelle und verschiebbaren Einzelachsen in der Kurve geschieht durch den Druck der äußeren Schiene gegen den Radspurkranz. Die Rückstellung in die Mittellage bei Ausfahrt aus der Kurve geschieht durch eine Rückstellvorrichtung.

 DEUTSCHE REICHSBAHN

Zusammenstellung

der

Gattungsnummern für Dampflokomotiven und Tender

1. Ausgabe, gültig ab 1. Januar 1962

Inhaltsverzeichnis

Vorbemerkungen

Die Ersatzstück-Nummern für die Einzelteile der Dampflokomotiven und Tender setzt sich aus der 3stelligen Gattungs-Nummer und der 9stelligen Teilheft-Nummer zusammen. Da auf den Zeichnungen fast ausnahmslos nur die Teilheft-Nummer angegeben ist, muß diesen die Gattungs-Nummer nach den anliegenden Aufstellungen vorangestellt werden. Kann ein Ersatzstück für mehrere Lok oder Tender verwendet werden, so kommen die am Anfang der „Gegenüberstellung der Gattungs-Nummern und Bauartreihen" angegebenen Gattungs-Nummern 000–009 in Frage. Bei der Ermittlung, für welche Lok oder Tender ein Ersatzstück verwendbar ist, sind jedoch unbedingt die auf den Zeichnungen angegebenen Stückzahlreihen zu beachten.

Zusammenstellung der Gattungs-Nummern für Dampflok

a) Normalspur 1435 mm

Baureihe	Frühere Bezeichnung	Betr.-Gattung	Abgekürzte Bezeichnung	Betr.-Nr.:	Gattungs-Nr.
01	Einheitslok	S 36.20	2′ C 1′ h 2	001–	010
03	Einheitslok	S 36.17	2′ C 1′ h 2	001–	030
03^{10} u. Kst	Einheitslok	S 36.18	2′ C 1′ h 3	1001–	031
17^{10-12} u. Kst	pr. $S\ 10^1$	S 35.17	2′ C h 4 v	1001–	179
18^0	sächs. XVIII H	S 36.17	2′ C 1′ h 3	001–	180
18^3	bad. IV h^{1-3}	S 36.17	2′ C 1′ h 4 v	301	183
19^0	sächs. XX HV	S 46.17	1′ D 1′ h 4 v	001–	190
22	Reko BR 39	P 46.18	1′ D 1′ h 3	001–	390
23	Einheitslok	P 35.18	1′ C 1′ h 2	001–	023
23^{10}	Neubau	P 35.18	1′ C 1′ h 2	1001–	232
24	Einheitslok	P 34.15	1′ C h 2	001–	024
25	Einheitslok	P 45.18	1′ D h 2	001	025
25^{10} Kst	Einheitslok	P 45.18	1′ D h 2	1001	125
38^{2-3}	sächs. XII H 2	P 35.15	2′ C h 2	201–	382
38^{10-40}	pr. P 8	P 35.17	2′ C h 2	1001–	385
39^{0-2}	pr. P 10	P 46.19	1′ D 1′ h3	001–	390
41	Einheitslok	G 45.18/20	1′ D h 2	001–	041
42	Einheitslok	G 56.18	1′ E h 2	001–	042
43	Einheitslok	G 56.20	1′ E h 2	001–	043
44 u. Kst	Einheitslok	G 56.20	1′ E h 3	001–	044
50	Einheitslok	G 56.15	1′ E 1′ h 2	001–	050
50^{40}	Neubau	G 56.15	1′ E h 2	4001–	504
52 u. Kst	Einheitslok	G 56.15	1′ E 1′ h 2	001–	052
54^{8-11}	pr. $G\ 5^4$ H	G 34.14	1′ C h 2 v	801–	543
55^{0-6}	$G\ 7^1$	G 44.13	D n 2	001–	547
55^{7-14}	$G\ 7^2$	G 44.13	D n 2 v	701–	550
55^{16-22}	pr. G 8	G 44.14	D h 2	1601–	551
55^{23-24}	pr. $G\ 9^1$	G 44.16	D h 2	2301–	552
55^{25-56}	pr. $G\ 8^1$	G 44.17	D h 2	2501–	553
55^{57-58}	ÖBB 73	G 44.14	D n 2	5701–	231

Kst = Lok mit Kohlenstaubfeuerung

Baureihe	Frühere Bezeichnung	Betr.-Gattung	Abgekürzte Bezeichnung	Betr.-Nr.	Gattungs-Nr.
56^{1}	pr. G 8^{3}	G 45.17	1′ D h 3	101–	561
56^{2-8}	umgeb. G 8^{1}	G 45.16	1′ D h 2	201–	553
56^{20-30}	pr. G 8^{2}	G 45.17	1′ D h 2	2001–	569
57^{10-40}	pr. G 10	G 55.15	E h 2	1001–	576
58^{2-3}	bad. G 12	G 56.16	1′ E h 3	201–	586
58^{4}	sächs. XIII H	G 56.16	1′ E h 3	401–	586
58^{10-21}	pr. G 12	G 56.16	1′ E h 3	1001–	586
58^{30}	Reko BR 58	G 56.16	1′ E h 3	3001–	586
61	Einheitslok	St 38.19	2′ C 3′ h 3	002	061
62	Einheitslok	Pt 37.20	2′ C 2′ h 2	006–	062
64	Einheitslok	Pt 35.15	1′ C 1′ h 2	001–	064
65^{10}	Neubau	Pt 47.17	1′ D 2′ h 2	1001–	652
74^{0-3}	pr. T 11 N u. H	Pt 34.16	1′ C h 2 u. 1′ C h 2	001–	740
74^{4-13}	pr. T 12	Pt 34.17	1′ C h 2	401–	744
75^{1-3}	bad. VIb 1–11	Pt 35.14	1′ C 1′ n 2	101–	751
75^{4}	bad. VIc	Pt 35.16	1′ C 1′ h 2	401–	752
75^{5}	sächs. XIV HT	Pt 35.16	1′ C 1′ h 2	501–	755
75^{6}	Prign. Eisenb.	Pt 35.16	1′ C 1′ h 2	612	
75^{6}	Witt.–Perleb. E.	Pt 35.16	1′ C 1′ h 2	613	756
75^{6}	meckl. Fr. W. E., 64	Pt 35.16	1′ C 1′ h 2	622	
75^{6}	E. L. E.	Pt 35.17	1′ C 1′ h 2	631	
75^{6}	Prz. Heinr.-Bahn, H.	—	—	641	865
75^{10-11}	bad. VI, C 8–9	Pt 35.17	1′ C 1′ h 2	1005–	752
75^{62}	Rupp. E., RE 27–31	P 35.12	1′ C 1′ h 2	6276–	762
75^{64}	Rupp. E., RE 32	P 35.14	1′ C 1′ h 2	6476	764
75^{66}	Halb. Blank. E., 1–3	P 35.16	1′ C 1′ h 2	6676–	765
75^{66}	Brand-Stadt 1–101 bis 103	P 35.16	1′ C 1′ h 2	6679–	766
75^{66}	versch. 401–406	P 35.16	1′ C 1′ h 2	6682–	767
75^{67}	Halb.–Blank. 6–7	P 35.16	1′ C 1′ h 2	6776–	768
78^{0-5}	T 18	Pt 37.17	2′ C 2′ h 2	009–	780
79^{0}	Elsaß 8602	Pt 48.17	2′ D 2′ h 4 v	001	790
80	Einheitslok	Gt 33.17	C h 2	001–	080

Baureihe	Frühere Bezeichnung	Betr.-Gattung	Abgekürzte Bezeichnung	Betr.-Nr.	Gattungs-Nr.
83^{10}	Neubau	Gt 47.15	1′ D 2′ h 2	1001	831
84	Einheitslok	Gt 57.18	1′ E 1′ h 3	001–	084
86	Einheitslok	Gt 46.15	1′ D 1′ h 2	001–	086
89	Einheitslok	Gt 33.15	C h 2	005–	089
89^{2}	sächs. V T	Gt 33.14	C h 2	204–	892
89^{2}	sächs. V T	Gt 33.16	C h 2	283–	
89^{6}	bay. D II	Gt 33.15	C h 2	621	894
89^{9}	LBE	Gt 33.19	C h 2	901	
89^{9}	Prign. L. E., T 3	Gt 33.14	C h 2	111–	
89^{9}	Prign. L. E., T 3	Gt 33.10/12	C h 2	931	792
89^{9}	Rosenberger Kreisbahn Nr. 1 und Werklok Maltsch	Gt 33.12	C n 2	954–	
89^{10}	pr. T 8	Gt 33.15	C h 2	1004	810
89^{59}	Arnst.-Ichtersh. 340	Gt 33.9	C n 2	5901	811
89^{60}	verschiedene	Gt 33.10	C h 2	6003–	813
89^{61}	verschiedene	Gt 33.11	C h 2	6102–	814
89^{62}	verschiedene	Gt 33.12	C h 2	6201–	815
89^{62}	verschiedene	Gt 33.12	C h 2	6276–	816
89^{63}	verschiedene	Gt 33.13	C n 2	6302–	817
89^{63}	Altmärk. E., 205	Gt 33.13	C h 2	6376	819
89^{64}	verschiedene	Gt 33.14	C n 2	6404–	820
89^{64}	verschiedene	Gt 33.14	C h 2	6476–	821
89^{65}	Rupp. E., RE 18	Gt 33.15	C n 2	6501	822
89^{66}	Stend. E., 254	Gt 33.16	C n 2	6601	824
89^{70-75}	T 3	Gt 33.12	C n 2	7251–	896
89^{80}	meckl. T 3 b	Gt 33.11	C n 2	8066	898
91^{0-1}	T 9²	Gt 34.14	1′ C n 2	133–	910
91^{2}	B L E	Gt 34.14	1′ C h 2	202–	794
91^{3-18}	T 9³	Gt 34.15	1′ C n 2	375–	913
91^{19}	meckl. T 4	Gt 34.12	1′ C n 2	1909–	911
91^{61}	meckl. Bäderb. 141	Gt 34.11	1′ C h 2	6176–	825
91^{62}	verschiedene	Gt 34.12	1′ C h 2	6276–	826
91^{63}	Niederl. E. 41	Gt 34.13	1′ C n 2	6301	827

Baureihe	Frühere Bezeichnung	Betr.-Gattung	Abgekürzte Bezeichnung	Betr.-Nr.	Gattungs-Nr.
91^{63}	Horka–Priebus 141	Gt 34.13	1′ C h 2	6376	828
91^{64}	351–354	Gt 34.14	1′ C n 2	6401–	829
91^{64}	verschiedene	Gt 34.14	1′ C h 2	6476–	830
91^{65}	Halb.–Blankb. 45	Gt 34.15	1′ C n 2	6501	832
91^{65}	verschiedene	Gt 34.15	1′ C h 2	6576–	833
91^{65}	Niederbarn. E.	Gt 34.15	C 1′ h 2	6590–	834
91^{66}	Osterw. Wasserl. 40	Gt 34.16	1′ C h 2	6676	835
91^{67}	Niederl. E. 141	Gt 34.17	1′ C h 2	6780	836
92^{4}	old. T 13 H	Gt 44.16	D h 2	441	924
92^{5-9}	T 13	Gt 44.15	D n 2	503–	925
92^{10-11}	T 13	Gt 44.16	D n 2	1004–	
92^{22}	178 ÖBB	Gt 44.11	D n 2	2218	261
92^{29}	Görl. Kreisbahn	Gt 44.15	D h 2	2901–	837
92^{33}	Stett. Hafenb.	Gt 44.15	D h 2	3333	838
92^{60}	Stendal–Tang. 4	Gt 44.10	D n 2	6001	839
92^{61}	verschiedene	Gt 44.11	D n 2	6101–	840
92^{61}	Hohenebra–Ebel. 380	Gt 44.11	D h 2	6176	853
92^{62}	Stendal–Tang. 7	Gt 44.12	D h 2	6201	854
92^{62}	Prenzl. Krsb. 171, 173	Gt 44.12	D h 2	6276–	855
92^{63}	verschiedene	Gt 44.13	D h 2	6376–	856
92^{64}	Gardel. H. Wef. 581	Gt 44.14	D n 2	6401	857
92^{64}	verschiedene	Gt 44.14	D h 2	6476–	858
92^{65}	verschiedene	Gt 44.15	D n 2	6501–	859
92^{65}	verschiedene	Gt 44.15	D h 2	6576–	860
92^{68}	Weimar B. Blank.	Gt 44.18	D h 2	6876–	868
93^{0-4}	T 14	Gt 46.16	1′ D 1′ h 2	001–	930
93^{5-12}	T 14^{1}	Gt 46.17	1′ D 1′ h 2	501–	
93^{16}	meckl. Fr. W. B., T 14	Gt 46.13	1′ D 1′ h 2	1601	795
93^{64}	verschiedene	Gt 46.14	1′ D 1′ h 2	6476–	932
93^{66}	verschiedene	Gt 46.16	1′ D 1′ h 2	6676–	934
93^{67}	Halb.–Blankb.	Gt 46.17	1′ D 1′ h 2	6776–	935
94^{2-4}	T 16	Gt 55.15	E h 2	202–	942
94^{5-18}	T 16^{1}	Gt 55.17	E h 2	516–	

Baureihe	Frühere Bezeichnung	Betr.-Gattung	Abgekürzte Bezeichnung	Betr.-Nr.	Gattungs-Nr.
94^{20-21}	sächs. XI H T	Gt 55.16	E h 2	2001–	946
94^{67}	Halb.–Blankb.	Gt 55.17	E h 2	6776	947
95^{0}	T 20	Gt 57.19	1′ E 1′ h 2	004–	950
95^{66}	Halb.–Blankb.	Gt 57.16	1′ E 1′ h 2	6676–	956
98^{0}	sächs. I TV	L 44.15	B + B n 4 v	001–	980
98^{11}	bay. Gt L 4/5	L 45.11	1′ D h 2	1108	994
98^{60}	verschiedene	L 22.10	B n 2	6002–	445
98^{61}	verschiedene	L 22.11	B n 2	6101–	447
98^{61}	verschiedene	L 44.11	B + B n 2 v	6151–	448
98^{62}	verschiedene	L 22.12	B n 2	6206–	449
98^{63}	Ruppiner E., RE 24–26	L 45.13	1′ D h 2	6376–	451
8^{64}	Ruppiner E., RE 23	L 45.14	1′ D h 2	6476	452
98^{70}	sächs. VII T	L 22.11	B n 2	7056	453
98^{77}	CSD 310.1	L 33.9	C n 2	7715	403

b) Schmalspur 1000 mm

Baureihe	Frühere Bezeichnung	Betr.-Gattung	Abgekürzte Bezeichnung	Betr.-Nr.	Gattungs-Nr.
99^{16}	sächs. I M	K 44.10	B + B n 2 v	161–	616
99^{18}	sächs. T 40	K 55.8	E h 2	183	618
99^{19}	württ.	K 55.9	E h 2	191	619
99^{22}	Einheitslok	K 57.10	1′ E 1′ h 2	222	623
99^{23}	Einheitslok (Neubau)	K 57.10	1′ E 1′ h 2	231–	
99^{560}	Franz. Nordb. 119–123	K 22.6	B n 2	5601–	312
99^{561}	Franz. Nordb. 130	K 33.6	C n 2	5611	313
99^{562}	Franz. Nordb. 165, 166	K 44.6	B + B n 4 v	5621–	314
99^{563}	Spreewaldbahn	K 34.6	1′ C n 2	5633–	315
99^{570}	Spreewaldbahn	K 23.7	1′ B n 2	5701–	316
99^{571}	Gera–M.–Waitzer B.	K 44.7	B + B n 4 v	5711–	317
99^{580}	verschiedene	K 22.8	B n 2	5801–	318
99^{581}	Gernr.–Harzg. 2227	K 33.8	C n 2	5811	319
99^{590}	Nordh.–Wernig. 11-14	K 22.9	B + B n 2 v	5901–	320
99^{591}	Gera–M.–Waitzer B.	K 44.9	D h 2	5911–	321
99^{600}	Nord.–Wernig. 21	K 35.10	1′ C 1′ h 2	6001	322
99^{601}	Nordh.–Wernig. 51, 52	K 46.10	1′ B + B 1′ h 4 v	6011–	323

Baureihe	Frühere Bezeichnung	Betr. Gattung	Abgekürzte Bezeichnung	Betr.-Nr.	Gattungs-Nr.
99^{610}	Nordh.–Wernig. 6	K 33.11	C h 2	6101	324
99^{610}	Nordh.–Wernig. 7	K 33.11	C n 2	6102	

c) **Schmalspur 900 mm**

99^{31}	meckl.	K 44.8	D n 2	312–	631
99^{32}	Einheitslok	K 46.8	1′ D 1′ h 2	321–	632

d) **Schmalspur 750 mm**

99^{51-60}	sächs. IV K	K 44.7–8	B + B n 2 v	516–	651
99^{64-72}	sächs. VI K	K 55.8–9	E h 2	642–	664
99^{73-66}	Einheitslok	K 57.9	1′ E 1′ h 2	731–	673
99^{77-79}	Einheitslok	K 57.9	1′ E 1′ h 2	771–	677
99^{140}	Neubau Lowa Babelsb.	K 44.6	D h 2 m. Tender	1401	440
99^{430}	Kreisb. Burg 23	K 44.3	D n 2	4301	456
99^{450}	Prign. Kreisb.	K 33.5	D n 2	4501–	458
99^{451}	Rathenow–S–Nauen	K 34.5	C 1′ n 2	4511–	459
99^{452}	Rügensche B. 241–245	K 44.5	B + B n 2 v	4521–	460
99^{453}	Trusebahn	K 44.5	D n 2	4531–	461
99^{454}	4321	K 44.5	D n 2 m. Tender	4541	455
99^{455}	Kreisb. Burg 22	K 44.4	D n 2	4551	457
99^{460}	verschiedene	K 22.6	B n 2	4602–	462
99^{461}	verschiedene	K 33.6	C n 2	4611–	463
99^{462}	Rügensche B. 265	K 35.6	C 2′ n 2	4621	464
99^{463}	Rügensche B. 257, 258	K 44.6	D h 2	4631–	465
99^{465}	Luckenw.–Jüterb. 1, 4, 5	K 33.6	C n 2 m. Tender	4651–	467
99^{470}	Prign. Krsb. 08–20	K 33.7	C n 2	4701	468
99^{471}	Prign. Krsb. 07–20	K 34.7	C 1′ n 2	4711	469
99^{471}	sud U 37	K 34.7	C 1′ n 2	4712	438
99^{472}	Kreisb. Burg 11	K 44.6	D n 2	4721	466
99^{480}	Kreisb. Burg 20, 21	K 58.8	1′ D h 2	4801–	470

e) Schmalspur 600 mm

Baureihe	Frühere Bezeichnung	Betr.-Gattung	Abgekürzte Bezeichnung	Betr.-Nr.	Gattungs-Nr.
99^{300}	B O 121	K 22.5	B n 2	3001	480
99^{330}	Musk. Walde. 3311	K 33.3	C n 2	3301	481
99^{331}	Musk. Walde., versch.	K 44.3	D n 2	3311–	482
99^{335}	Meckl.-Pomm. S. B. 1, 4, 5	K 34.3	C l' n 2 m. Tender	3351–	483
99^{336}	Meckl.-Pomm. S. B. 14	K 44.3	D h 2 m. Tender	3361	484
99^{345}	Meckl.-Pomm. S. B. 8	K 34.4	C l' h 2 m. Tender	3451	485
99^{346}	Meckl.-Pomm. S. B. 9, 12	K 44.4	D h 2 m. Tender	3461–	486
99^{365}	Meckl.-Pomm. Demmin-Jermer 21,32	K 22.6	B n 2 m. Tender	3651–	487

Die Fremdlok aus Belgien, Frankreich, Elsaß-Lothringen und Polen ehemals deutscher Bauart erhalten die Gattungsnummer der deutschen Baureihe.

Gegenüberstellung der Gattungs-Nummern und Bauartreihen

Gattungs-Nr.	Bauartreihe und Unterbauart	Gattungs-Nr	Bauartreihe und Unterbauart
000	AVD f. preußische und Einheitslok	231	55^{57-58}
001	AVD f. bayrische Lok	232	23^{10}
002	AVD f. sächsische Lok	261	92^{22}
003	AVD f. badische Lok	312	99^{560}
004	AVD f. württembergische Lok	313	99^{561}
005		314	99^{562}
006		315	99^{563}
007		316	99^{570}
008		317	99^{571}
009	AVD f. Lausitzer Lok	318	99^{580}
010	01	319	99^{581}
023	23	320	99^{590}
024	24	321	99^{591}
025	25	322	99^{600}
030	03	323	99^{601}
031	03^{10}	324	99^{610}
041	41	382	38^{2-3}
042	42	385	38^{10-40}
043	43	390	39^{0-2} u. 22
044	44	403	98^{77}
050	50	438	99^{4712}
052	52	440	99^{140}
061	61	445	98^{6001-}
062	62	447	98^{6101-}
064	64	448	98^{6151-}
080	80	449	98^{62}
084	84	451	98^{6376}
086	86	452	98^{64}
089	89	453	98^{7056}
125	25^{10} Kst	455	99^{454}
179	17^{10-12}	456	99^{430}
180	18^{0}	457	99^{455}
181	18^{1}	458	99^{450}
183	18^{3}	459	99^{451}
190	19^{0}	460	99^{452}

Gattungs-Nr.	Bauartreihe und Unterbauart	Gattungs-Nr.	Bauartreihe und Unterbauart
461	99^{453}	673	99^{73-76}
462	99^{460}	677	99^{77-79}
463	99^{461}	740	74^{0-3}
464	99^{462}	744	74^{4-13}
465	99^{463}	751	75^{1-3}
466	99^{472}	752	75^{4}, 75^{10-11}
467	99^{465}	755	75^{5}
468	99^{470}	756*	75^{6}
469	99^{471}	762	75^{62}
470	99^{480}	764	75^{64}
480	99^{300}	765	75^{6676-}
481	99^{330}	766	75^{6679-}
482	99^{331}	767	75^{6682}
483	99^{335}	768	75^{67}
484	99^{336}	780	78^{0-5}
485	99^{345}	790	79^{0}
486	99^{346}	792	89^{9}
487	99^{365}	794	91^{2}
504	50^{40}	810	89^{10}
543	54^{8-11}	795	93^{16}
547	55^{0-6}, 55^{7-14}	811	89^{5901}
551	55^{16-22}	813	89^{60}
552	55^{23-24}	814	89^{61}
553	55^{25-56}, 56^{2-8}	815	89^{6201-}
561	56^{1}	816	89^{6276-}
569	56^{20-30}	817	89^{6302-}
576	57^{10-40}	819	89^{6376}
586	$58^{2-4,\ 10-21,\ 30}$	820	89^{6404-}
616	99^{16}	821	89^{6476-}
618	99^{18}	822	89^{6501}
619	99^{19}	824	89^{66}
623	99^{22}, 99^{23}	825	91^{61}
631	99^{31}	826	91^{62}
632	99^{32}	827	91^{6301}
651	99^{51-60}	828	91^{6376}
652	65^{10}	829	91^{6401-}
664	99^{64-72}	830	91^{6476-}

*) s. a. 865

Gattungs-Nr.	Bauartreihe und Unterbauart	Gattungs-Nr.	Bauartreihe und Unterbauart
831	83^{10}	892	89^{2}
832	91^{6501}	894	89^{6}
833	91^{6576}	896	89^{70-75}
834	91^{6590-}	898	89^{80}
835	91^{66}	910	91^{0-1}
836	91^{67}	911	91^{19}
837	92^{29}	913	91^{3-18}
838	92^{33}	924	92^{4}
839	92^{60}	925	92^{5-9}, 92^{10-11}
840	92^{6101}	930	93^{0-4}, 93^{5-12}
853	92^{6176}	932	93^{64}
854	92^{6201}	934	93^{66}
855	92^{6276}	935	93^{67}
856	92^{63}	942	94^{2-4}, 94^{5-18}
857	92^{6401}	946	94^{20-21}
858	92^{6476-}	947	94^{67}
859	92^{6501-}	950	95^{0}
860	92^{6576-}	956	95^{66}
865*)	75^{6}	980	98^{0}
868	92^{68}	994	98^{11}

*) s. a. **756**

Zusammenstellung der Gattungsnummern für Tender

Bauart und Gattung	Frühere oder sonstige Bezeichnung	Gattungs-Nr.
3 T 14,5 (bay)		010
3 T 15 (pr)		011
3 T 15 (sä)		012
3 T 15,5 (wü)		013
3 T 16 3 T 17	Tender für Einheitslok	014
3 T 7,5 (sä)		015
3 T 9 (sä)		016
3 T 10,5 (pr/meck)		017
3 T 10,5 (bay)		018
3 T 12 (pr)		019
3 T 12 (bay)		020
3 T 16 (bay)		021
3 T 16 (old)		022
3 T 16,5 (pr/meck/old)		023
3 T 18,2 (bay)		024
3 T 20 (pr/meck/old)		025
3 T 20,2 (bay)		026
3 T 21 (sä)		027
3 T 12 (sä)		035
3 T 12 (old)		036
3 T 13 (sä)		037
2′2′ T 16 (pr/meck)	4 T 16 (pr/meck) Pl-Dr	028
2′2′ T 16 (pr/meck)	4 T 16 (pr/meck) Faw-Dr	029
2′2′ T 16 (sä)	4 T 16 (sä)	030
2′2′ T 18 (sä)	4 T 18 (sä)	031
2′2′ T 18 (bay)	4 T 18 (bay)	032
2′2′ T 18,2 (bay)	4 T 18,2 (bay)	033
2′2′ T 19,5 (sä)	4 T 19,5 (sä)	034
2′2′ T 20 (old)	4 T 20 (old)	041
2′2′ T 20 (wü)	4 T 20 (wü)	042
2′2′ T 21 (bay)	4 T 21 (bay)	043
2′2′ T 21 (sä)	4 T 21 (sä)	044
2′2′ T 21,5 (pr)	4 T 21,5 (pr) Pl-Dr	045

Bauart und Gattung	Frühere oder sonstige Bezeichnung	Gattungs-Nr.
2′2′ T 21,5 (pr/meck/old)	4 T 21,5 (pr/meck/old) Faw-Dr	046
2′2′ T 21,8 (bay)	4 T 21,8 (bay)	047
2′2′ T 26,2 (bay)	4 T 26,2 (bay)	048
2′2′ T 26,4 (bay)	4 T 26,4 (bay)	049
2′2′ T 28 (sä)	4 T 28 (sä)	050
2′2′ T 29,6 (bad)	4 T 29,6 (bad)	051
siehe unten		052
2′2′ T 27,4 (bay)	4 T 27,4 (bay)	053
2′2′ T 30 (wü)	4 T 30 (wü)	057
2′2′ T 31 (sä)	4 T 31 (sä)	058
2′2′ T 31,5 (pr)	4 T 31,5 (pr) Faw-Dr	059
2′2′ T 32,5 (bay)	4 T 32,5 (bay)	060

Tender für Einheitslok

2′2′ T 32	4 T 32	061
2′2′ T 26	4 T 26	062
2′2′ T 26 V	K 4 T 26	
2′2′ T 30	4 T 30	052
2′2′ T 34	4 T 34	063
2′2′ T 34 St	4 T 34 St	
4 T 30 Steifrahmentender	4 T 29,6 und K 4 T 30	064
2′ 3 T 37	5 T 37	065
2′ 3 T 37 St	5 T 37 St	
2′ 3 T 38	5 T 38	067
2′ 3 T 38 St	5 T 38 St	
2′2′ T 30 Wannentender	K 4 T 32 und K 4 T 34	071
2′2′ T 31		073
2′2′ T 13,5 Kon		075
2′3 T 38,5	5 T 38,5	076
2′2′ T 28	4 T 28	077

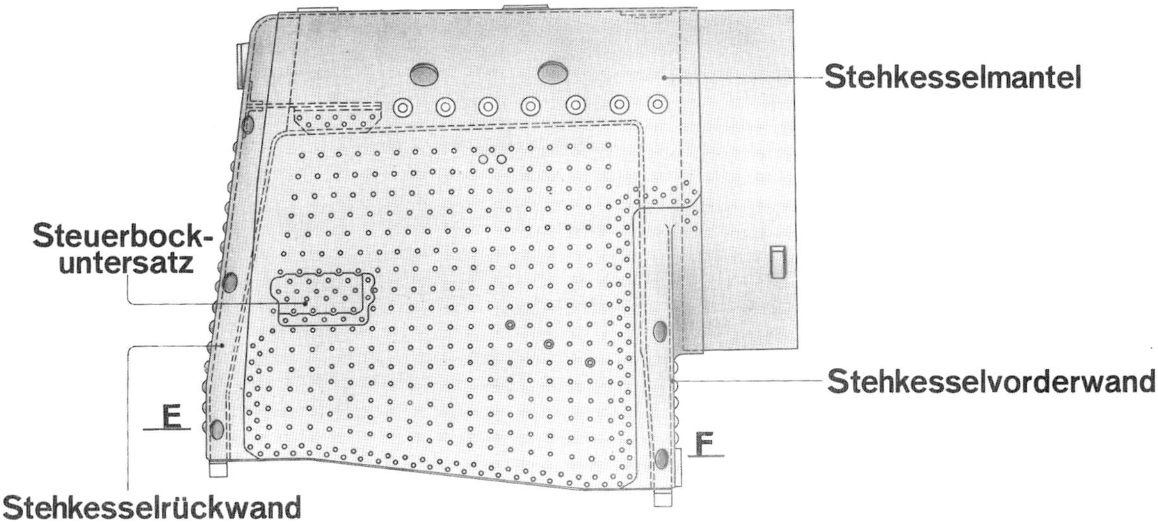

Der Stehkessel und sein Teile

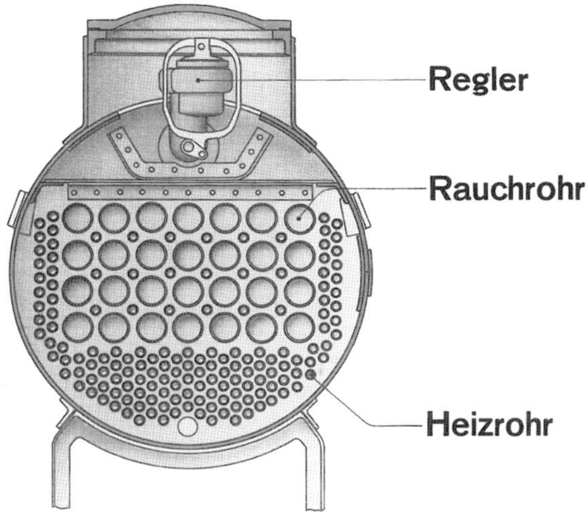

Schnitt durch den Kessel in Höhe des Dampfdoms.

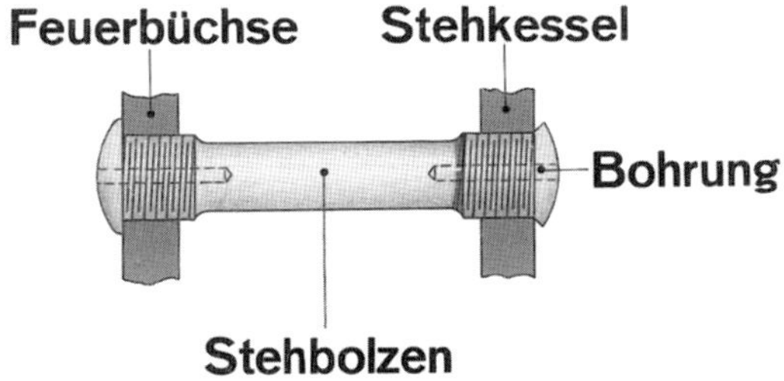

Eingebauter Stehbolzen.
Alle Zeichnungen: Archiv Dirk Endisch

DEUTSCHE LOKOMOTIV-NORMEN	# Einheitliche Benen Gr

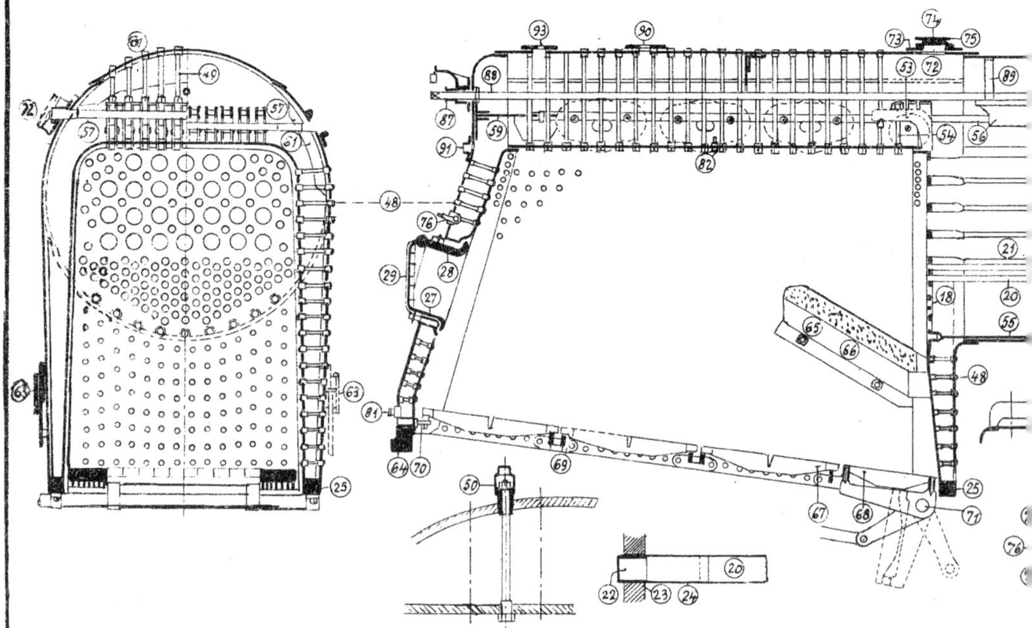

Nr.	Benennung	Zeichg. Nr nach Lonorm 2	Nr.	Benennung	Zeichg. Nr. nach LOKORM 2	Nr.	B
1	Langkessel	2.01	27	Feuerlochring	2.20	53	Bügelanker
2	Vorderer Kesselschuß	2.01	28	Feuerlochschoner	3.11	54	Bügelankerste
3	Hinterer Kesselschuß	2.01	29	Feuertür	3.08	55	Bodenanker
4	Rundnaht	2.01	30	Dom	2.22	56	Längsanker und
5	Hinterkessel	2.01	31	Dohmlochring	2.22	57	Queranker
6	Feuerbüchse	2.11	32	Dohmring außenliegend	2.21	58	Querankeruter
7	Feuerbüchsrohrwand	2.11	33	Domring innenliegend	2.21	59	Blechanker an
8	Feuerbüchsrückwand	2.11	34	Domunterteil	2.22	60	Blechanker an
9	Feuerbüchsseitenwand	2.11	35	Domoberteil	2.22	61	Versteifung am
10	Feuerbüchsdecke	2.11	36	Dommantel	2.22	62	Laschenenden z
11	Feuerbüchsmantel	2.11	37	Domdeckel	2.22	63	Stehkesselträg
12	Stehkessel	2.01	38	Domhaube	2.22	64	Schlingerstück
13	Stehkesselvorderwand	2.01	39	Domöse	2.26	65	Feuerschirm
14	Stehkesselrückwand	2.01	40	Domhaken	2.26	66	Feuerschirmtr
15	Stehkesselseitenwand	2.01	41	Wasserabscheider im Dom	2.27	67	Roststäbe
16	Stehkesseldecke	2.01	42	Mannloch zum Dom	2.22	68	Kipproststäbe
17	Stehkesselmantel	2.01	43	Dom zum Speisewasserreiniger	25.45	69	Rostbalken und
18	Rohrteilung der Feuerbüchse	2.12	44	Einführungsdüse zum Speisewasserreiniger	25.39	70	Nietschrauben
19	Rohrteilung der Rauchkammerrohrwand	2.13	45	Rieselblech zum Speisewasserreiniger	25.40	71	Vordere Welle m
20	Heizrohr	2.14	46	Mannloch zum Speisewasserreiniger	25.34	72	Waschluke mit D
21	Rauchrohr	2.16	47	Schlammsamler zum Speisewasserreiniger	25.36	73	Lukenuntersa
22	Brandring	2.17	48	Stehbolzen	2.28	74	Lukenpilz
23	Dichtring	2.17	49	Deckenstehbolzen	2.30	75	Lukendeckel
24	Vorschuh	2.14	50	Bewegliche Deckenstehbolzen	2.31	76	Waschluke mit
25	Bodenring	2.19	51	Barrenanker	2.45	77	Lukenfutter
26	Feuerloch	2.01	52	Barrenankerstehbolzen	2.45	78	Lukenpilz

g der Lokomotivteile
essel

Lonorm Tafel 1

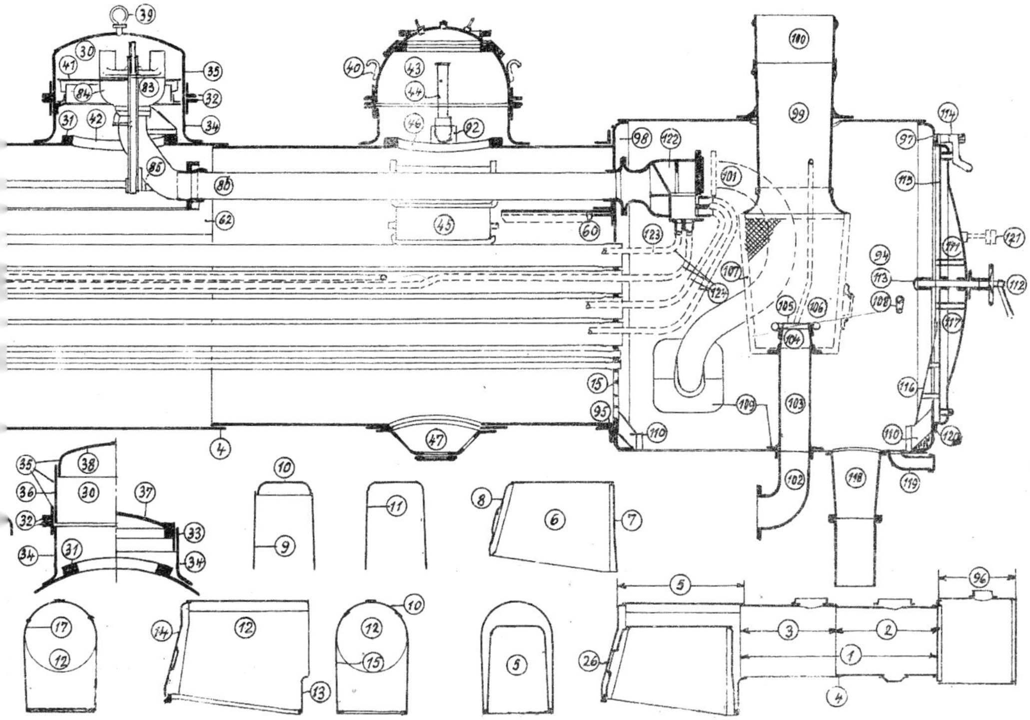

	Zeichng Nr. nach LONORM 2	Nr.	Benennung	Zchng. Nr. nach LONORM 2	Nr	Benennung	Zeichng Nr. nach LONORM 2
	2.44	79	Lukenbügel	3.34	105	Blasrohrsteg	5.15
	2.44	80	Lukenstift	3.34	106	Hilfsbläser und Teile	5.22
	2.46	81	Reinigungsschraube	3.35	107	Funkenfänger	5.23
	2.42	82	Schmelzpropfen	3.37	108	Rauchkammerspritzrohr und Teile	5.27
	2.36 u. 38	83	Regler, Ventil-Schieberregler	3.42 u. 43	109	Paßbleche für Ausschnitte im Rauchkammermant.	5.28
	2.39	84	Reglerkopf mit Schieber, -ventil	3.44	110	Rauchkammerbodenschutz	5.30
rückwand	2.32	85	Reglerknierohr	3.45	111	Rauchkammertür	5.31
nerrohrwand	2.34	86	Reglerrohr	3.47	112	Verschluß zur Rauchkammertür	5.36
el	2.35	87	Reglerstopfbuchse	3.48	113	Verschlußbolken zur Rauchkammertür	5.36
	2.09	88	Reglerwelle und Teile	3.49	114	Vorreiber zur Rauchkammertür	5.33
	3.01	89	Halter für Reglerwelle	3.51	115	Schutzblech zur Rauchkammertür	5.31
	3.05	90	Untersatz zum Sicherheitsventil	3.57	116	Schonerblech zur Rauchkammertür	5.31
	3.12	91	Untersatz zum Wasserstandsanzeiger	3.58	117	Abstandhalter zur Rauchkammertür	5.31
	3.13	92	Untersatz zum Kesselspeiseventil	3.59	118	Löschefall	5.37
	3.15	93	Untersatz zum Dampfentnahmestutzen	3.60	119	Entwässerungsstutzen an der Rauchkammer	5.39
	3.16	94	Rauchkammer	5.01	120	Verstärkungsring a. d. Rauchkammertürwand	2.01
	3.18	95	Winkelring an der Rauchkammer	2.01	121	Laternenstütze a. d. Rauchkammer	24.06
	3.18	96	Rauchkammerschuß	2.01	122	Dampfsammelkasten	6.04
prost	3.21	97	Rauchkammertürwand	2.01	123	Überhitzereinheit	6.02
	3.31	98	Rauchkammerrohrwand	2.01	124	Überhitzerrohrsatz	6.02
	3.31	99	Schornstein	5.06			
	3.31	100	Schornsteinaufsatz	5.09			
	3.31	101	Dampfeinströmrohr	5.12			
	3.34	102	Ausströmkrümmer	5.17			
	3.34	103	Standrohr	5.19			
	3.34	104	Blasrohr	5.15			

DEUTSCHE LOKOMOTIV-NORMEN	Einheitliche Benenn Gruppe: Steu

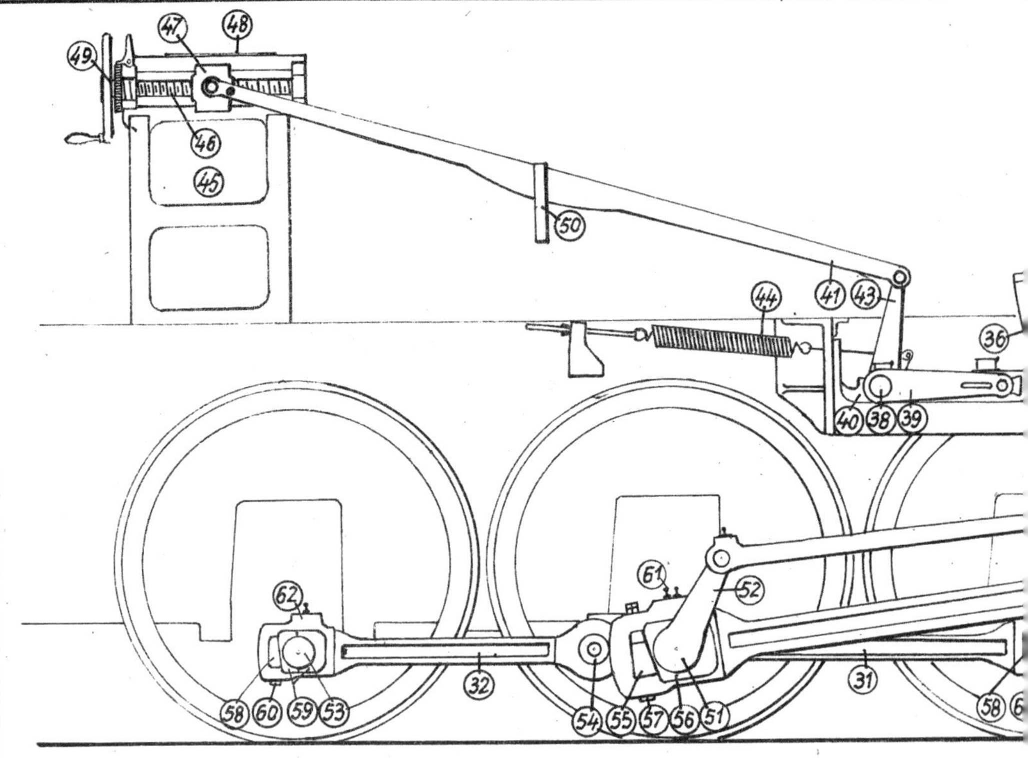

Nr.	Benennung	Zeichn. Nr. nach LON2	Nr.	Bene
1	Zylinder	19.01	24	Kreuzkopfbolzen
2	Vorderer Zylinderdeckel	19.13	25	Lenkeransatz am Kreuzkopf
3	Hinterer "	19.16	26	Schieberschubstange
4	Vorderer Schieberkastendeckel	19.20	27	Voreilhebel
5	Hinterer "	19.23	28	Lenkerstange
6	Vordere Kolbenstangenstopfbuchse	19.28	29	Gleitbahn
7	Hintere "	19.29	30	Kuppelstange zwischen 1. u
8	Vordere Tragbuchse für Schieberstange	19.20	31	" " 2.
9	Hintere " " "	19.23	32	3.
10	Zylinderventil	19.44	33	Treibstange
11	Zylindersicherheitsventil	19.49	34	Fangbügel zur Treibstange
12	Kolben mit Stange	20.01	35	Schwingenstange
13	Kolbenschieber	21.07	36	Schwinge (mit Schwingenstei
14	Schieberstange	21.12	37	Schwingenlager
15	Kreuzkopf zur Schieberstange	21.11	38	Steuerwelle
16	Schieberbuchse	19.05	39	Aufwerfhebel
17	Vorderer Ausströmkasten	19.10	40	Steuerwellenlager
18	Hinterer "	19.11	41	Steuerstange
19	Kreuzkopf	20.05	42	Gleitbahn- u. Laufblechträger
20	Schmiergefäß zum Kreuzkopf	20.08	43	Steuerstangenhebel
21	Zwischenstück " "	20.05	44	Rückzugfeder zur Steuer
22	Kreuzkopfgleitplatte	"	45	Steuerbock
23	Kreuzkopfkeil	"	46	Steuerschraube und Teile

der Lokomotivteile
(Heusinger)

Lonorm Tafel 2

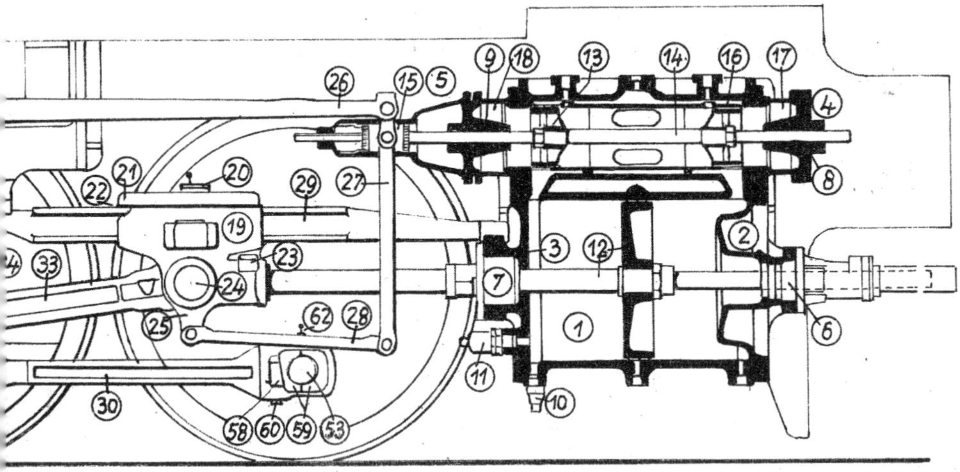

	Zeichn. Nr. nach LON 2
	20.05
	21.25(20.05)
	21.21
	21.24
	"
	20.17
z	20.20
	20.21
	20.22
	20.10
	20.15
	21.32
	21.26
	21.28
	21.36
	"
	21.38
	21.50
-u. Steuerwellenlager	8.30
	21.36
	21.41
	21.42
	21.44

Nr.	Benennung	Zeichn. Nr. nach LON 2
47	Steuermutter	21.46
48	Ziffernstreifen zur Steuerschraube	21.47
49	Steuerrad	21.49
50	Steuerstangenführung	21.54
51	Treibzapfen	12.08
52	Gegenkurbel	12.10
53	Kuppelzapfen	12.09
54	Gelenkbolzen für Kuppelstangen	20.20÷24
55	Schraubenstellkeil für Treibstange	20.10
56	Lagerschalen für Treibstange	"
57	Stellkeilschraube für Treibstange	"
58	Schraubenstellkeil für Kuppelstange	20.20÷24
59	Lagerschalen für Kuppelstange	"
60	Stellkeilschraube für Kuppelstange	"
61	Schmiergefäß für Treibstange	20.14
62	Schmiergefäße zu den Kuppelstangen	20.27

DEUTSCHE LOKOMOTIV-NORMEN

Einheitliche Benenn

Gruppe: Ausrüstun

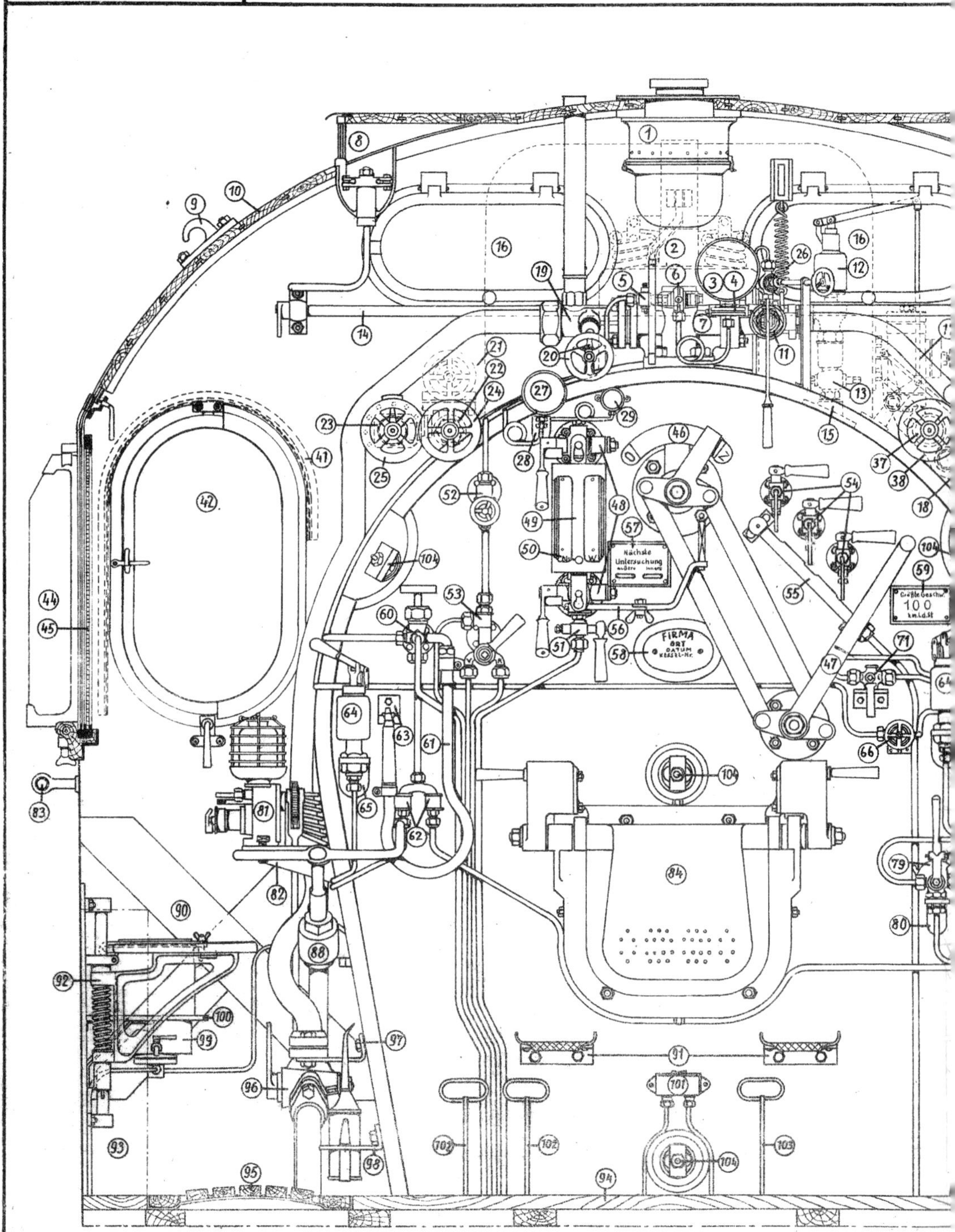

der Lokomotivteile
Führerhauses

Lonorm
Tafel 4

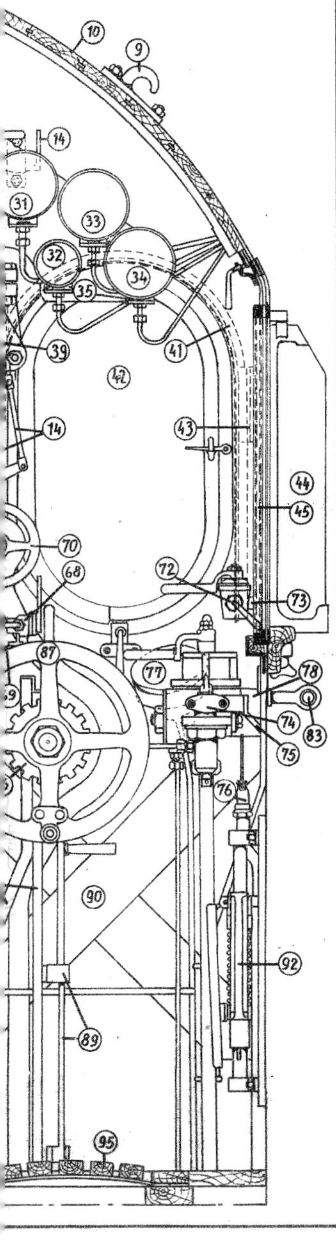

Nr.	Benennung	Zeichn. Nr. nach LON 2
1	Führerhauslaterne	15.42
2	Sicherheitsventil	4.20
3	Kesseldruckmesser	4.36
4	Halter für Kesseldruckmesser	24.11
5	Druckmesserhahn	4.36
6	Eichdruckmesserhahn	4.38
7	Dampfentnahmestutzen	4.02
8	Lüftungsaufsatz	15.30
9	Haken zum Abheben des Führerhauses	15.40
10	Holzbedachung	15.08
11	Strahlpumpendampfventil	4.05
12	Dampfpfeife	4.24
13	Dampfpfeifenhahn	4.25
14	Pfeifenzug	23.14
15	Untersatz zur Dampfpfeife	3.62
16	Klappfenster in der Führerhaus-vorderwand	15.17
17	Kesselspeiseventil	4.13
18	Feuerlöschstutzen	4.15
19	Dampfheizventil	26.02
20	Zug zur Dampfheizeinrichtung	23.43
21	Absperrventil zur Speisepumpe	25.17
22	Dampfventil " "	25.16
23	" zum Hilfsbläser	4.42
24	Zug zum Speisepumpendampfventil	23.37
25	Hilfsbläserzug	23.23
26	Dampfventil zur Koch- und Wärme-einrichtung	26.74
27	Heizdruckmesser	26.15
28	Halter für Heizdruckmesser	26.14
29	Vorwärmerdruckmesser	25.21
30	Fernthermometer	4.41
31	Ferndruckmesser	4.40
32	Druckmesser für Bremsluftbehälter	22.79÷80
33	" " Bremsleitung	" ÷ "
34	" " Bremszylinder	" ÷ "
35	Halter zum Bremsdruckmesser	22.69
36	" für Druckmesser	24.11
37	Luftpumpendampfventil	22.61
38	Zug zum Luftpumpendampfventil	23.36
39	Strahlpumpe	4.04
40	Halter zur Strahlpumpe	24.01
41	Fensterschirm	15.27
42	Drehfenster in der Führerhaus-vorderwand	15.16
43	Fahrplanrahmen	15.46
44	Seitliches Schutzfenster	15.29
45	Schiebefenster in der Führerhaus seitenwand	15.22
46	Reglerstopfbuchse	3.48
47	Reglerhandhebel	3.50
48	Wasserstandsanzeiger	4.28
49	Wasserstandsschutz	4.31
50	Wasserstandsmarke	24.39
51	Wasserstandsablaßhahn	4.47
52	Dampfventil zur Radreifenspritze	26.48
53	Strahlpumpe	26.47
54	Prüfhahn	4.33
55	Fangrohr	4.34
56	Laternenstütze zum Wasserstands-anzeiger	24.09
57	Untersuchungsschild	24.34
58	Kesselschild	24.30
59	Geschwindigkeitsschild	24.35
60	Ventil für Aschkasten-, Rauchkammer- und Kohlenspritze	4.44 4.45 26.44

Nr.	Benennung	Zeichn. Nr. nach LON 2
61	Kohlenspritzschlauch	26.44
62	Rückschlagventil für Rauchkammer- und Aschkastenspritze	4.44 4.45
63	Halter für Kohlenspritzschlauch	26.44
64	Handschmierpumpe	25.21
65	Halter zur Handschmierpumpe	22.63 und 25.21
66	Dampfventil zum Läutewerk	26.38
67	Ventil zur Gegendruckbremse	22.71
68	Anstellhahn für Druckausgleicher	19.42
69	Halter zum Anstellhahn für Druckaus-gleicher	24.12
70	Handrad zum Drosselventil für Gegen-druckbremse	23.45
71	Dreiweghahn zum Preßzylinder	22.73
72	Zusatzbremshahn	22.79–80
73	Halter für Zusatzbremshahn	22.60
74	Führerbremsventil	22.79–80
75	Halter zum Führerbremsventil	22.60
76	Auslöseventil	22.79÷80
77	Geschwindigkeitsmesser	26.31
78	Halter zum Geschwindigkeitsmesser	26.34
79	Hahn zum Sandstreuer	17.08
80	Halter zum Hahn für Sandstreuer	"
81	Schmierpumpe	26.21
82	Träger zur Schmierpumpe	26.25
83	Handstangenstütze	15.36
84	Feuertür	3.08
85	Steuerbock und Halter	21.42
86	Steuerschraube und Teile	21.44
87	Steuerrad	21.49
88	Spindelbock zum Kipprost	3.23
89	Führungsbock und Handhebel zum Zylinderventilzug	23.10
90	Holzversteifung der Führerhauswände	15.09
91	Tritte an der Stehkesselrückwand	15.48
92	Sitze	15.51
93	Werkzeugkasten im Führerhaus	17.21
94	Führerhausbodenbelag	15.10
95	Federnde Fußunterlage im Führer-haus	15.11
96	Dreiweghahn zur Dampfheizeinrichtung	26.04
97	Halter für Dreiweghahn	26.06
98	" " Ölflaschen	24.14
99	Teile zur Koch- und Wärmeeinrichtung	26.73
100	Halter " " " "	26.75
101	Schmiergefäß	10.36
102	Aschkastenzüge	23.03
103	Aschkastenbodenklappenzug	23.07
104	Waschluken mit Pilz	3.34

DEUTSCHE LOKOMOTIV-NORMEN	Einheitliche Benen Gruppe: Blech

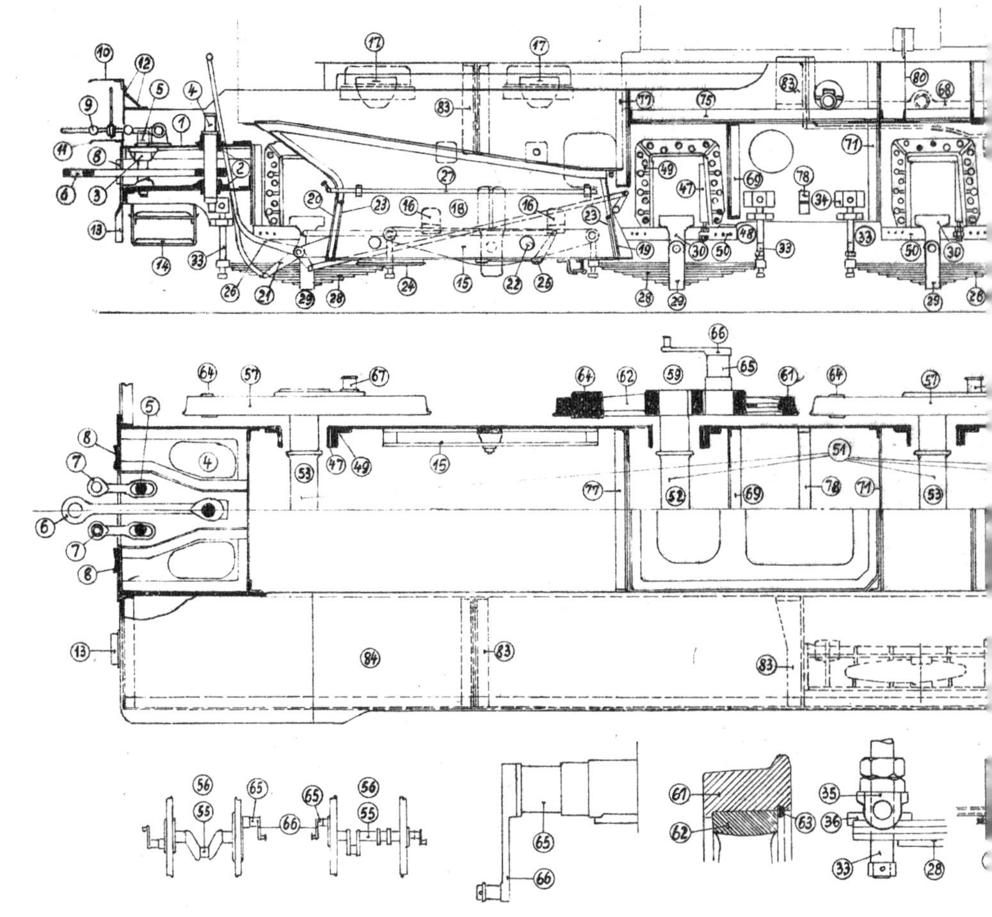

Nr.	Benennung	Zeichn. Nr. nach LON 2	Nr.	Benennung
1	Kuppelkasten	9.20	31	Beilage zur Tragfeder
2	Lager für Hauptkuppelbolzen	10.02	32	Keil zur Tragfeder
3	" " Notkuppelbolzen	10.03	33	Federspannschraube
4	Hauptkuppelbolzen	10.04	34	Federspannschraubenträger
5	Notkuppelbolzen	"	35	Sattelscheibe
6	Hauptkuppeleisen	10.06	36	Federdruckplatte
7	Notkuppeleisen	"	37	Achslager (Kuppelachse)
8	Stoßpufferplatte	10.08	38	" Bauart „Obergethmann"
9	Spannvorrichtung	10.43	39	Achslagerdeckel
10	Große Tenderbrücke	14.15	40	Achslagergehäuse
11	Kleine "	14.16	41	Achslagergleitplatte
12	Halter für die Tenderbrücke	14.17	42	Achslagerschale (mit Weißmetallausguß)
13	Tritt am Kuppelkasten	9.23	43	Achslagerunterkasten
14	Tritte " Führerhaus	15.47	44	Schmierpolster
15	Längsausgleichhebel und Träger	11.16÷11.18	45	Obere Achslagerschale (mit Weißmetallausguß)
16	Anschläge der Ausgleichhebel	" "	46	Untere " " "
17	Klammern der Stehkesselträger	3.01	47	Achslagerstellkeil
18	Aschkasten	7.01	48	Achslagerstellkeilschraube
19	Vordere Aschkastenklappe	7.05	49	Achslagerführung
20	Hintere "	7.09	50	Achsgabelsteg
21	Aschkastenzug	23.03÷04	51	Radsatzgruppe
22	Stehloch im Aschkasten	7.04	52	Treibachswelle
23	Aschkastenfunkensieb	7.15	53	Kuppelachswelle
24	Mannloch im Aschkastenboden	7.14	54	Laufachswelle
25	Aschkastenbodenklappe	7.17	55	Kropfachswelle
25	Aschkastenbodenklappenzug	23.07	56	Treibradsatz
27	Aschkastenspritzrohr und Teile	7.20	57	Kuppelradsatz
28	Tragfeder	11.04-11.06	58	Laufradsatz
29	Federbund	11.02	59	Treibrad
30	Achslagergehänge	12.23	60	Achsschenkel

g der Lokomotivteile

mit Zubehör

Lonorm Tafel 5

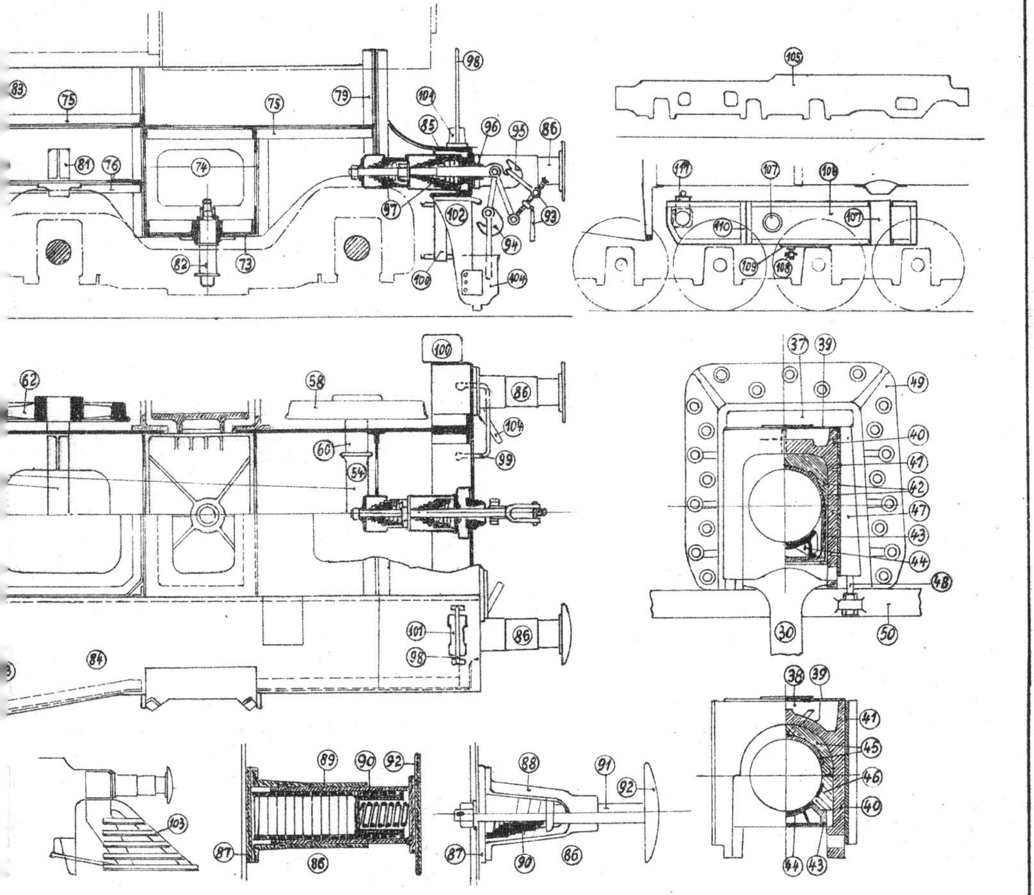

Benennung	Zeichn. Nr. nach LONZ	Nr.	Benennung	Zeichn. Nr. nach LONZ
Radreifen	18.03, 18.04	91	Pufferstange	10.26
Radkörper	12.06, 12.07	92	Pufferteller	"
Sprengring	" "	93	Schraubenkupplung	10.31
Gegengewicht	12.02÷04	94	Sicherheitskupplung	10.32
Treibzapfen	12.08	95	Vorderer Zughaken	10.14
Schwingenkurbel	12.10	96	Vordere Zughakenführung	10.20
Kuppelzapfen	12.09	97	Zughakenfeder	10.39
Gleitbahnträger mit Schwingen- und Steuerwellenlager	8.31	98	Griffe auf den Pufferträgern	9.08
Rahmenverbindung vor der Treibachse	8.10	99	Kupplergriff	9.11
" am Bremszylinder	8.19	100	Tritt an den Pufferträgern	9.09
" hinter der ersten Kuppelachse	8.40	101	Laternenstütze am vorderen Pufferträger	24.04
" vor " " "	8.17	102	Vorderer Bahnräumer	8.33
" für Dreh-, Lenkgestell und Zapfenlager	8.14, 8.15	103	" Kuhfänger	9.14
" zwischen den Zylindern	8.21	104	Schneeschaufel	9.18
Wagerechte Rahmenverbindung	8.10	105	Blechrahmenwange	8.07÷08
" " über der Laufachse	8.16	106	Rahmenwasserkasten	8.40÷42
Rahmenverbindung vor dem Hinterkessel	8.22	107	Durchführungsrohre im Rahmenwasserkasten	8.35
Rahmenstrebe	8.18	108	Wasserkastenablaßhahn	16.18
Rauchkammerträger	5.03	109	Mannloch im Wasserkasten	16.12
Kesselpendelblech	8.26	110	Wasserkastenverbindung	16.07
Anschlag zum Drehgestell	13.22	111	Wassereinlauf	[illegible]
Drehzapfen	13.16			
Laufblechträger	14.09			
Laufblech	14.01			
Vorderer Pufferträger	9.01			
Puffer	10.26			
Puffergrundplatte	"			
Puffergehäuse	"			
Pufferhülse	"			
Pufferfeder	10.39			

REPRINTS

Friedrich Wilhelm Eckhardt
Die Konstruktion der Dampflokomotive und ihre Berechnung
Vom Aufbau der Lok über das Treibwerk und die Steuerung bis hin zu Sonderbauarten und Normungen – in diesem Reprint von 1952.
192 Seiten, 108 Bilder
Bestell-Nr. 71348 **€ 19,95**

Ernst Blume
Die Eisenbahn-Verkehrsordnung
Dies ist ein hochinteressanter Beitrag zur Technikgeschichte, der zuerst im Jahre 1908 erschien. Dabei kommentiert der Autor die einheitlichen Grundsätze der Eisenbahnbetriebsordnung »unter denen sich jeder Eisenbahnunternehmer ein für allemal bereit erklärte, Personen oder Güter auf seinen Strecken zu befördern«. Vom Transport von Expressgut über den von lebenden Tieren und Leichen, hier findet sich alles wieder: Lehrreich, unterhaltsam und kurios.
336 Seiten
Bestell-Nr. 71309 **€ 9,95**

Brosius und Koch's
Lokomotivführer – I. Abteilung
Im ersten Band des Reprints von 1887 erklären die Autoren in übersichtlicher Form die Funktion und die richtige Bedienung des Dampflokkessels. In zahlreichen Abbildungen werden die einzelnen Bauteile vorgestellt, ein ausführlicher Anhang erläutert die physikalischen Gesetze nach denen der Dampfkessel arbeitet.
192 Seiten, 166 Zeichnungen
Bestell-Nr. 71248 **€ 9,95**

Brosius und Koch's
Lokomotivführer – II. Abteilung
Im zweiten Band des dreibändigen Eisenbahn-Klassikers, der von 1887 bis 1906 erschienen ist, beschreiben die Autoren alle Bauteile von Loks und Wagen. Zahlreiche Abbildungen zeigen die verschiedenen Ausführungen von Bremsen, Steuerungen, Radgestellen und der übrigen Teile, erklären ihre Technik und Funktion.
628 Seiten, 611 Zeichnungen
Bestell-Nr. 71249 **€ 14,95**

Brosius und Koch's
Lokomotivführer – III. Abteilung
Band drei des Klassiker-Reprints enthält die Kenntnisse eines Dampflokführers für den Fahrdienst. Die Autoren beschreiben Schienen- und Weichenbauarten, das Signalwesen, den Rangierdienst, die Versorgung der Maschine während der Fahrt und geben Anweisungen für den Umgang mit Schäden an Lokomotive und Wagen.
528 Seiten, 268 Zeichnungen
Bestell-Nr. 71294 **€ 12,95**

IHR VERLAG FÜR EISENBAHN-BÜCHER
Postfach 10 37 43 · 70032 Stuttgart
Tel. (07 11) 2108065 · Fax (07 11) 2108070
www.paul-pietsch-verlage.de

trans press